Mohamed Boulanouar

Transport en Biologie

Mohamed Boulanouar

Transport en Biologie

Éditions universitaires européennes

Imprint

Any brand names and product names mentioned in this book are subject to trademark, brand or patent protection and are trademarks or registered trademarks of their respective holders. The use of brand names, product names, common names, trade names, product descriptions etc. even without a particular marking in this work is in no way to be construed to mean that such names may be regarded as unrestricted in respect of trademark and brand protection legislation and could thus be used by anyone.

Cover image: www.ingimage.com

Publisher:
Éditions universitaires européennes
is a trademark of
International Book Market Service Ltd., member of OmniScriptum Publishing Group
17 Meldrum Street, Beau Bassin 71504, Mauritius

Printed at: see last page
ISBN: 978-3-639-48172-3

Mohamed Boulanouar
Transport en Biologie

à ma mère

2

REMERCIEMENTS

Je tiens à remercier mes collègues, les professeurs, *A. Dadouche, B. Benmessaoud, H. Kentabli, A. Kherici et J. Zeddam* pour leurs contributions à la réalisation de ce livre. Sans leurs précieuses aides, ce livre n'aurait jamais vu le jour.

4

Table des matières

9

Introduction

Dans ce livre, nous nous intéressons à un modèle mathématique de la dynamique d'une population cellulaire dans laquelle chaque cellule est caractérisée par deux paramètres physiologiques indépendants.

Le premier paramètre physiologique est le degré de maturité que l'on note μ et que l'on attribue aux cellules comme suit

1. la valeur $\mu = 0$ pour chaque cellule au moment de sa naissance. Nous l'appellerons cellule fille.

2. la valeur $\mu = 1$ pour chaque cellule en instance de division. Nous l'appellerons une cellule mère.

3. la valeur $0 < \mu < 1$ pour chaque cellule en voie d'évolution.

Le second paramètre physiologique est la vitesse de maturation que l'on note v. Comme une cellule ne peut rajeunir, sa vitesse de maturation v doit être alors positive. Autrement dit, $0 \leqslant a < v < b \leqslant \infty$, où, a et b sont les vitesses de maturation minimale et maximale.

Si l'on désigne par $f = f(t, \mu, v)$ la densité de toutes les cellules qui, à l'instant t, ont le degré de maturité μ et la vitesse de maturation v, alors f vérifie l'équation aux dérivées partielles suivante

$$\frac{\partial f}{\partial t} = -v\frac{\partial f}{\partial \mu} - \sigma f + \int_a^b r(\mu, v, v')f(t, \mu, v')\mathrm{d}v' \tag{0.1}$$

où, σ désigne le taux de mortalité dans cette population cellulaire et r désigne le taux de prolifération ou le taux de passage entre les clans cellulaires de vitesse v et v'.

Lors d'une mitose cellulaire (ou division cellulaire), il se peut que chaque cellule fille hérite intégralement la vitesse de maturation de sa mère. Nous appellerons cette mitose cellulaire la *loi à mémoire parfaite* que l'on décrit mathématiquement par la condition aux limites

$$f(t, 0, v) = \alpha f(t, 1, v) \tag{0.2}$$

où, $\alpha \geqslant 0$ désigne le nombre moyen de cellules filles.

Il se peut aussi qu'il y ait une corrélation entre la vitesse de maturation, v, d'une cellule fille et celle de sa mère v'. Si l'on matérialise cette corrélation par le noyau, dit de *corrélation* $k = k(v, v')$, alors cette mitose cellulaire, que nous appellerons la *loi de transition*, est mathématiquement interprétée par la condition aux limites

$$vf(t, 0, v) = \beta \int_a^b k(v, v')v'f(t, 1, v')dv' \qquad (0.3)$$

où, $\beta \geqslant 0$ désigne le nombre moyen de cellules filles.

Enfin, il se peut que la population cellulaire soit divisée en deux clans différents. Les cellules du premier clan se divisent selon la loi à mémoire parfaite décrite par la condition aux limites (0.2) alors que les cellules du second clan se divisent selon la loi de transition décrite par la condition aux limites (0.3). La cohabitation des deux clans cellulaires donne lieu à une troisième loi biologique que nous appellerons *loi composée*. Nous l'a décrivons naturellement par la condition aux limites

$$f(t, 0, v) = \alpha f(t, 1, v) + \frac{\beta}{v} \int_a^b k(v, v')f(t, 1, v')v'\mathrm{d}v'. \qquad (0.4)$$

Dans la littérature mathématique, le modèle (0.1)–(0.3) a été modestement étudié. Il a été résolu numériquement pour une classe particulière de noyaux de prolifération de la forme $r(\mu, v, v') = r(v - v')$ (voir [11]). Dans [8], on y trouve une approximation par l'équation de diffusion et une résolution numérique pour une classe de noyaux de corrélation, k, dégénéré. Quelques résultats théoriques succincts sont données dans [7, page 475] pour $0 \leqslant \beta < 2$. Dans [9], on y trouve une condition suffisante pour l'existence d'une solution stationnaire.

La difficulté provient du fait qu'il n'y a pas de résultats généraux permettant le traitement direct de ce genre de modèles. À titre d'exemple, avant les deux travaux [6][4], on ne savait pas si le modèle (0.1)–(0.3) admettait une solution pour $\beta > 1$. Nous avons montré que si la vitesse de maturation maximale est finie (*i.e.*, $b < \infty$) alors ce modèle est gouverné par un semi-groupe fortement continu pour tout $\beta \geqslant 0$. Nous avons également étudié les diverses propriétés de ce semi-groupe.

Dans [3], nous avons étudié le modèle (0.1)–(0.3) avec $a > 0$. En effet, si $a > 0$, après un régime transitoire, toutes les cellules initiales auront alors disparu ou seront divisées, ce qui interprète la compacité pour $t > \frac{2}{a}$ du semi-groupe solution du modèle en question. De ce fait, le calcul du type essentiel et la description du comportement asymptotique de ce semi-groupe nous ont été possibles.

Cependant, si $a = 0$, les vitesses de maturation cellulaires peuvent, au contraire, être petites, et il se peut qu'il y aurait, à tout instant, des cellules initiales qui ne sont pas encore divisées.

Par conséquent, la population cellulaire n'a aucune chance de sortir du régime transitoire, ce qui explique la non-compacité du semi-groupe solution du modèle (0.1)–(0.3) (voir [2]).

Dans [5] nous avons montré que si $b = \infty$, alors le modèle (0.1)–(0.2) est gouverné par un semi-groupe fortement continu si et seulement si $\alpha \leqslant 1$.

Dans ce livre, nous allons étudier en détail le model général (0.1)–(0.4) que nous avons déjà discuté dans [1]. Nous commençons tout d'abord par considérer les vitesses de maturation minimale, a, et maximale, b, telles que

$$0 \leqslant a < b \leqslant \infty$$

tout au long des chapitres de ce livre. Ensuite, nous nous plaçons dans le cadre mathématique, de toutes les densités cellulaires initiales $\varphi = f(0, \cdot, \cdot)$ (i.e., à l'instant $t = 0$), défini par

$$\mathrm{L}_p := L^p\left((0,1) \times (a,b)\right) \ (p \geqslant 1) \qquad \text{avec} \qquad \|\varphi\|_p := \left[\int_0^1 \int_a^b |\varphi(x,y)|^p \, \mathrm{d}x\mathrm{d}y\right]^{\frac{1}{p}}.$$

Dans le premier chapitre, nous donnons un sens mathématique aux densités cellulaires mères (i.e., $\varphi(1, \cdot)$) et filles (i.e., $\varphi(0, \cdot)$) pour chaque densité cellulaire initiale $\varphi = f(0, \cdot, \cdot)$. Ensuite, nous étudions le modèle sans divisions cellulaires, sans mortalité et sans prolifération, i.e., (0.1)–(0.4)-($\alpha = \beta = 0$ et $\sigma = r = 0$). Nous montrons alors que ce modèle est gouverné par un semi-groupe fortement continu $\mathrm{A}_{0,0} = (\mathrm{A}_{0,0}(t))_{t \geqslant 0}$.

Dans le second chapitre, nous étudions le modèle avec divisions cellulaires mais sans mortalité et sans prolifération, i.e., (0.1)–(0.4)-($\sigma = r = 0$). Sous des hypothèses convenables vérifiées par le noyau de corrélation k, nous montrons que le modèle en question est gouverné par un semi-groupe fortement continu $\mathrm{A}_{\alpha,\beta} = (\mathrm{A}_{\alpha,\beta}(t))_{t \geqslant 0}$. Les deux cas $b < \infty$ et $b < \infty$ sont traités séparément. Nous finissons ce chapitre par quelques simulations numériques [1].

Dans le troisième chapitre, nous définissons les opérateurs de mortalité, M_σ, et de prolifération, P_r. Sous des hypothèses convenables vérifiées par le taux de mortalité σ et le noyau de prolifération r, nous montrons que les opérateurs linaires en question sont bornés de L_p ($p \geqslant 1$) dans lui même. Nous finissons ce chapitre par montrer, sous des hypothèses supplémentaires, que l'opérateur $(M_\sigma + P_r)$ est dissipatif

Dans le quatrième chapitre, nous étudions le modèle avec divisions cellulaires et mortalité mais sans prolifération, i.e., (0.1)–(0.4)-($r = 0$) en tant que perturbation linéaire du modèle (0.1)–(0.4)-($\sigma = r = 0$) par l'opérateur M_σ. Nous montrons alors que ce modèle est gouverné

---

1. Tous les programmes utilisés dans ce livre sont écrits en MATLAB. Les codes sources sont disponibles en écrivant à l'auteur : boulanouar@gmail.com

par un semi-groupe fortement continu $\mathbb{V}_{\alpha,\beta} = (\mathbb{V}_{\alpha,\beta}(t))_{t \geqslant 0}$. Ensuite, nous montrons que le modèle total (0.1)–(0.4) est gouverné par un semi-groupe fortement continu $\mathbb{T}_{\alpha,\beta} = (\mathbb{T}_{\alpha,\beta}(t))_{t \geqslant 0}$. Nous finissons ce chapitre par montrer, sous des hypothèses supplémentaires, que semi-groupe fortement continu $\mathbb{T}_{\alpha,\beta} = (\mathbb{T}_{\alpha,\beta}(t))_{t \geqslant 0}$ est de contractions. Quelques simulations numériques sont également données.

HYPOTHÈSES UTILISÉES

Ici, nous rappelons les hypothèses utilisées tout au long de ce livre.

$\boxed{\left(\mathbf{A}_k^1\right)}$: $\qquad\qquad\qquad\qquad\qquad \overline{\kappa}_{\mathrm{a}} < \infty$

avec

$$
\overline{\kappa}_{\mathrm{a}} := \begin{cases} \left[\displaystyle\operatorname*{sup\,ess}_{\mathrm{a}\leqslant v\leqslant\mathrm{b}}\int_{\mathrm{a}}^{\mathrm{b}} |k(v,v')|\,\mathrm{d}v'\right]^{\left(1-\frac{1}{p}\right)}\left[\displaystyle\operatorname*{sup\,ess}_{\mathrm{a}\leqslant v'\leqslant\mathrm{b}}\int_{\mathrm{a}}^{\mathrm{b}} |k(v,v')|\,v^{(1-p)}\mathrm{d}v\right]^{\frac{1}{p}} & \text{if } p>1 \\[2em] \displaystyle\operatorname*{sup\,ess}_{\mathrm{a}\leqslant v'\leqslant\mathrm{b}}\int_{\mathrm{a}}^{\mathrm{b}} |k(v,v')|\,\mathrm{d}v & \text{if } p=1. \end{cases}
$$

$\boxed{\left(\mathbf{A}_k^2\right)}$: $\qquad\quad \exists\,\omega_0 \in (\mathrm{a},\infty) \qquad\quad \text{tel que} \qquad\quad \alpha + \beta\overline{\kappa}_{\omega_0} < 2^{\left(\frac{1}{p}-1\right)}$

avec

$$
\overline{\kappa}_{\omega_0} := \begin{cases} \left[\displaystyle\operatorname*{sup\,ess}_{\mathrm{a}\leqslant v\leqslant\infty}\int_{\omega_0}^{\infty} |k(v,v')|\,v'\mathrm{d}v'\right]^{\left(1-\frac{1}{p}\right)}\left[\displaystyle\operatorname*{sup\,ess}_{\omega_0\leqslant v'\leqslant\infty}\int_{\mathrm{a}}^{\infty} |k(v,v')|\,v^{(1-p)}\mathrm{d}v\right]^{\frac{1}{p}} & \text{si } p>1 \\[2em] \displaystyle\operatorname*{sup\,ess}_{\omega_0\leqslant v'\leqslant\infty}\int_{\mathrm{a}}^{\infty} |k(v,v')|\,\mathrm{d}v & \text{si } p=1. \end{cases}
$$

$\boxed{\left(\mathbf{A}_\sigma^1\right)}$:
$$\overline{\sigma} := \sup_{(\mu,v)\in\Omega} \mathrm{ess}\, |\sigma(\mu,v)| < \infty.$$

$\boxed{\left(\mathbf{A}_\sigma^2\right)}$:
$$\sigma \geqslant 0.$$

$\boxed{\left(\mathbf{A}_r^1\right)}$:
$$\overline{r}_p < \infty$$

avec

$$\overline{r}_p := \begin{cases} \left[\displaystyle\sup_{(\mu,v)\in\Omega} \mathrm{ess} \int_{\mathrm{a}}^{\mathrm{b}} |r(\mu,v',v)|\,\mathrm{d}v'\right]^{\frac{1}{p}} \left[\displaystyle\sup_{(\mu,v)\in\Omega} \mathrm{ess} \int_{\mathrm{a}}^{\mathrm{b}} |r(\mu,v,v')|\,\mathrm{d}v'\right]^{\left(1-\frac{1}{p}\right)} & \text{si} \quad p > 1 \\[3ex] \displaystyle\sup_{(\mu,v)\in\Omega} \mathrm{ess} \int_{\mathrm{a}}^{\mathrm{b}} |r(\mu,v',v)|\,\mathrm{d}v' & \text{si} \quad p = 1. \end{cases}$$

$\boxed{\left(\mathbf{A}_{\sigma-r}\right)}$:
$$\frac{1}{p}\int_{\mathrm{a}}^{\mathrm{b}} |r(\cdot,v',\cdot)|\,\mathrm{d}v' + \left(1-\frac{1}{p}\right)\int_{\mathrm{a}}^{\mathrm{b}} |r(\cdot,\cdot,v')|\,\mathrm{d}v' \leqslant |\sigma(\cdot,\cdot)|$$

Chapitre 1

Rappels Mathématiques

Dans ce chapitre, nous allons rappeler quelques notions mathématiques que nous utiliserons tout au long de ce livre.

Soit X un espace de Banach dont la norme est notée $\|\cdot\|_X$.

Définition 1.1. *Une famille,* $\mathbb{T} = (\mathbb{T}(t))_{t \geq 0}$, *d'opérateurs linéaires bornés sur X est appelée semi-groupe d'opérateurs linéaires fortement continu sur X si*

1. $\mathbb{T}(0) = I_X$ *(I_X est l'opérateur d'identité dans X)*
2. $\mathbb{T}(t+s) = \mathbb{T}(t)\mathbb{T}(s)$ *pour tout $t, s \geq 0$*
3. $\lim\limits_{t \to 0} \|\mathbb{T}(t)x - x\|_X = 0$ *pour tout $x \in X$.*

Définition 1.2. *Soit* $\mathbb{T} = (\mathbb{T}(t))_{t \geq 0}$ *un semi-groupe d'opérateurs linéaires fortement continu sur X. On appelle* génération infinitésimal *du semi-groupe* $\mathbb{T} = (\mathbb{T}(t))_{t \geq 0}$, *l'opérateur linéaire non borné A défini par*

$$Ax = \lim_{t \to 0^+} \frac{\mathbb{T}(t)x - x}{t}$$

défini sur le domaine

$$D(A) = \left\{ x \in X \quad : \quad Ax = \lim_{t \to 0^+} \frac{\mathbb{T}(t)x - x}{t} \right\}.$$

Théorème 1.1 ([10, Théorème II.3.8]). *Soit $(A, D(A))$ un opérateur linéaire fermé à domaine dense dans X. Supposons qu'il existe $\omega \in \mathbb{R}$ et $M \geq 1$ tels que*

$$(\omega \, , \, \infty) \subset \rho(A)$$

et pour tout $\lambda > \omega$

$$\left\| (\lambda - A)^{-n} \right\|_{\mathcal{L}(X)} \leq M(\lambda - \omega)^{-n} \qquad n = 1, 2, 3, \cdots$$

Then A engendre un semi-groupe fortement continu $\mathbb{T} = (\mathbb{T}(t))_{t \geqslant 0}$ sur X vérifiant

$$\|\mathbb{T}(t)x\|_{\mathcal{L}(X)} \leqslant Me^{\omega t} \qquad t \geqslant 0. \tag{1.1}$$

Théorème 1.2 ([10, Théorème II.3.15]). *Soit $(A, D(A))$ un opérateur linéaire fermé à domaine dense dans X. Si A est dissipatif et $\mathrm{Im}(\lambda - A) = X$ pour un certain $\lambda > 0$ alors A engendre un semi-groupe fortement continu de contractions sur X.*

Théorème 1.3 ([10, Théorème III.1.3]). *Soit $(A, D(A))$ le générateur infinitésimal, sur X, du semi-groupe fortement continu $\mathbb{T} = (\mathbb{T}(t))_{t \geq 0}$ vérifiant*

$$\|\mathbb{T}(t)x\|_{\mathcal{L}(X)} \leqslant Me^{\omega t} \qquad t \geqslant 0.$$

Soit B un opérateur linéaire borné de X dans lui même. Alors $(A + B, D(A))$ engendre, sur X, un semi-groupe fortement continu $\mathbb{S} = (\mathbb{S}(t))_{t \geq 0}$ vérifiant

$$\|\mathbb{T}(t)x\|_{\mathcal{L}(X)} \leqslant Me^{(\omega + M\|B\|)t} \qquad t \geqslant 0.$$

Théorème 1.4 ([10, Théorème II.2.7]). *Soit $(A, D(A))$ le générateur infinitésimal, sur X, du semi-groupe fortement continu $\mathbb{T} = (\mathbb{T}(t))_{t \geq 0}$ de contractions. Soit $(B, D(B))$ un opérateur dissipatif tel que $D(A) \subset D(B)$. Supposons qu'il existe $0 \leqslant a < 1$ et $b \geqslant 0$ tels que*

$$\|Bx\| \leqslant a\|Ax\| + b\|x\| \qquad \text{pour tout} \qquad x \in D(A).$$

Alors $(A + B, D(A))$ engendre un semi-groupe fortement continu de contractions sur X.

Chapitre 2

Le Modèle Sans Divisions Cellulaires

Dans ce chapitre, nous allons étudier l'évolution d'une population cellulaire dépourvue de mortalité (*i.e.*, $\sigma = 0$) et de prolifération (*i.e.*, $r = 0$). La densité cellulaire, $f = f(t, \mu, v)$, vérifie alors l'équation (0.1)–(avec $\sigma = r = 0$) *i.e.*,

$$\frac{\partial f}{\partial t} = -v \frac{\partial f}{\partial \mu} \qquad t \geqslant 0. \tag{2.1}$$

Nous considérons également que cette population est sans divisions cellulaires, autrement dit, les nombres moyens, $\alpha \geqslant 0$ et $\beta \geqslant 0$, de cellules filles issues par mitose cellulaire sont nuls (*i.e.*, $\alpha = \beta = 0$). Dans ce cas, la condition aux limites (0.4)–(avec $\alpha = \beta = 0$) devient

$$f(t, 0, v) = 0 \qquad t \geqslant 0. \tag{2.2}$$

L'objectif de ce chapitre est d'étudier le modèle (2.1)–(2.2) et de montrer qu'il est gouverné par un semi-groupe fortement continu.

2.1 Contexte Mathématique

Dans cette section, nous définissons le contexte mathématique que nous utiliserons tout au long des chapitres de ce livre.

Tout d'abord, nous désignons par a et b les vitesses de maturation minimale et maximale vérifiant

$$0 \leqslant a < b \leqslant \infty$$

et nous posons $\Omega := (0,1) \times (a,b)$.

Ensuite, nous introduisons l'espace, $L_p := L^p(\Omega)$ $(p \geqslant 1)$, de toutes les densités cellulaires initiales $\varphi = f(0, \cdot, \cdot)$ (*i.e.*, à l'instant $t = 0$). Nous lui conférons sa norme naturelle

$$\|\varphi\|_p := \left[\int_\Omega |\varphi(x,y)|^p \, \mathrm{d}x\mathrm{d}y \right]^{\frac{1}{p}}. \tag{2.3}$$

Nous introduisons également l'espace de régularité W_p $(p \geqslant 1)$ défini par

$$W_p = \left\{ \varphi \in L_p \quad : \quad v\frac{\partial \varphi}{\partial \mu} \in L_p \quad \text{et} \quad v^{\frac{1}{p}}\varphi \in L_p \right\} \tag{2.4}$$

muni de la norme

$$\|\varphi\|_{W_p} := \left[\|\varphi\|_p^p + \left\| v\frac{\partial \varphi}{\partial \mu} \right\|_p^p + \left\| v^{\frac{1}{p}}\varphi \right\|_p^p \right]^{\frac{1}{p}}. \tag{2.5}$$

Enfin, nous considérons l'espace des traces Y_p $(p \geqslant 1)$ défini par

$$Y_p := L^p\left((a,b), v\mathrm{d}v\right) \qquad \text{muni de la norme} \qquad \|\psi\|_{Y_p} = \left[\int_a^b |\psi(v)|^p \, v\mathrm{d}v \right]^{\frac{1}{p}}.$$

Remarque 2.1. *Notons que si* $b < \infty$ *alors les deux relations* (2.4) *et* (2.5) *peuvent aisément être remplacées par*

$$W_p = \left\{ \varphi \in L_p \quad : \quad v\frac{\partial \varphi}{\partial \mu} \in L_p \right\} \tag{2.6}$$

et

$$\|\varphi\|_{W_p} := \left[\|\varphi\|_p^p + \left\| v\frac{\partial \varphi}{\partial \mu} \right\|_p^p \right]^{\frac{1}{p}}. \tag{2.7}$$

En effet, en vertu de la relation

$$\left\| v^{\frac{1}{p}}\varphi \right\|_p \leqslant b^{\frac{1}{p}} \|\varphi\|_p$$

les deux normes (2.5) *et* (2.7) *sont équivalentes sur l'espace* W_p.

2.2   Théorème de Traces

Dans cette section, nous donnons un sens mathématique aux densités cellulaires mères (*i.e.*, $\varphi(1,\cdot)$) et filles (*i.e.*, $\varphi(0,\cdot)$) pour chaque densité cellulaire initiale $\varphi = f(0,\cdot,\cdot) \in W_p$ ($p \geqslant 1$). Pour se faire, nous étudions l'existence et la continuité des applications de traces suivantes

$$\gamma_0\varphi(v) := \varphi(0,v) \qquad \text{et} \qquad \gamma_1\varphi(v) := \varphi(1,v) \qquad v \in (a,b). \qquad (2.8)$$

Théorème 2.1. *Les applications γ_0 et γ_1 sont linéaires continues de W_p dans Y_p ($p \geqslant 1$) vérifiant*

$$\|\gamma_0\varphi\|_{Y_p} \leqslant \left[\max\left\{p-1,1\right\}\right]^{\frac{1}{p}} \|\varphi\|_{W_p}$$

et

$$\|\gamma_1\varphi\|_{Y_p} \leqslant \left[\max\left\{p-1,1\right\}\right]^{\frac{1}{p}} \|\varphi\|_{W_p}.$$

Démonstration. Pour tout élément $\varphi \in W_p$ ($p \geqslant 1$), nous avons

$$v\left|\gamma_0\varphi(v)\right|^p = v\left|\varphi(\mu,v)\right|^p - \int_0^\mu v\frac{\partial\left|\varphi\right|^p}{\partial\mu}(s,v)\mathrm{d}s \qquad \text{p.p.,} \qquad (\mu,v) \in \Omega.$$

En utilisant la relation suivante

$$\frac{\partial\left|\varphi\right|^p}{\partial\mu}(s,v) = p\left((\operatorname{sgn}\varphi)\left|\varphi\right|^{(p-1)}\frac{\partial\varphi}{\partial\mu}\right)(s,v) \qquad \text{p.p.} \qquad (s,v) \in \Omega$$

nous en déduisons que

$$v\left|\gamma_0\varphi(v)\right|^p = v\left|\varphi(\mu,v)\right|^p - p\int_0^\mu v\left((\operatorname{sgn}\varphi)\left|\varphi\right|^{(p-1)}\frac{\partial\varphi}{\partial\mu}\right)(s,v)\mathrm{d}s$$

$$\leqslant v\left|\varphi(\mu,v)\right|^p + p\int_0^1 \left|\varphi(s,v)\right|^{(p-1)}\left|v\frac{\partial\varphi}{\partial\mu}(s,v)\right|\mathrm{d}s.$$

En intégrant par rapport à $v \in (a,b)$,

$$\int_a^b v\left|\gamma_0\varphi(v)\right|^p\mathrm{d}v \leqslant \int_a^b v\left|\varphi(\mu,v)\right|^p\mathrm{d}v + p\int_\Omega \left|\varphi(s,v)\right|^{(p-1)}\left|v\frac{\partial\varphi}{\partial\mu}(s,v)\right|\mathrm{d}s\mathrm{d}v$$

ensuite par rapport à $\mu \in (0,1)$,

$$\int_a^b v\left|\gamma_0\varphi(v)\right|^p\mathrm{d}v \leqslant \int_\Omega v\left|\varphi(\mu,v)\right|^p\mathrm{d}v\mathrm{d}\mu + p\int_\Omega \left|\varphi(s,v)\right|^{(p-1)}\left|v\frac{\partial\varphi}{\partial\mu}(s,v)\right|\mathrm{d}s\mathrm{d}v$$

nous en déduisons que

$$\|\gamma_0\varphi\|_{Y_p}^p \leqslant \left\|v^{\frac{1}{p}}\varphi\right\|_p^p + p\underbrace{\int_\Omega \left|\varphi(s,v)\right|^{(p-1)}\left|v\frac{\partial\varphi}{\partial\mu}(s,v)\right|\mathrm{d}s\mathrm{d}v}_{I_p}. \qquad (2.9)$$

17

Si $p = 1$ alors

$$I_1 = \int_\Omega \left| \frac{\partial \varphi}{\partial \mu}(s, v) \right| \mathrm{d}s \mathrm{d}v = \left\| \frac{\partial \varphi}{\partial \mu} \right\|_1$$

que nous reportons dans (2.9) pour en déduire

$$\|\gamma_0 \varphi\|_{Y_1} \leqslant \|\varphi\|_{W_1}$$

d'où la continuité de l'application de traces γ_0 de W_1 dans Y_1.

Si $p > 1$, l'inégalité de Young (avec $p^{-1} + q^{-1} = 1$) conduit à

$$I_p \leqslant \frac{1}{q} \int_\Omega |\varphi(s, v)|^{(p-1)q} \mathrm{d}s \mathrm{d}v + \frac{1}{p} \int_\Omega \left| v \frac{\partial \varphi}{\partial \mu}(s, v) \right|^p \mathrm{d}s \mathrm{d}v$$

$$= \left(1 - \frac{1}{p}\right) \int_\Omega |\varphi(s, v)|^p \mathrm{d}s \mathrm{d}v + \frac{1}{p} \int_\Omega \left| v \frac{\partial \varphi}{\partial \mu}(s, v) \right|^p \mathrm{d}s \mathrm{d}v$$

et donc

$$p I_p \leqslant (p - 1) \|\varphi\|_p^p + \left\| v \frac{\partial \varphi}{\partial \mu} \right\|_p^p.$$

Reportons cette dernière relation dans (2.9), nous obtenons

$$\|\gamma_0 \varphi\|_{Y_p}^p \leqslant \max\left\{p - 1, 1\right\} \|\varphi\|_{W_p}^p$$

d'où la continuité de l'application de traces γ_0 de W_p dans Y_p $(p > 1)$.

En partant de la relation suivante

$$v \left| \gamma_1 \varphi(v) \right|^p = v \left| \varphi(\mu, v) \right|^p + \int_\mu^1 v \frac{\partial |\varphi|^p}{\partial \mu}(s, v) \mathrm{d}s \qquad \text{p.p.,} \qquad (\mu, v) \in \Omega$$

nous démontrons, de la même manière, la continuité de γ_1 de W_p dans Y_p $(p \geqslant 1)$. $\qquad\square$

2.3   Le Modèle Sans Mortalité et Sans Prolifération

Dans cette section, nous allons étudier le modèle (2.1)–(2.2) dont il est question dans ce chapitre. Pour se faire, nous définissons l'opérateur linéaire non borné suivant

$$A_{0,0}\varphi := -v \frac{\partial \varphi}{\partial \mu} \tag{2.10}$$

sur le domaine

$$D\left(A_{0,0}\right) := \left\{ \varphi \in W_p \qquad : \qquad \gamma_0 \varphi = 0 \right\}.$$

où, W_p est défini par la relation (2.4) ou (2.6)–(si b $< \infty$). Il est clair que le domaine $D\left(A_{0,0}\right)$ est bien défini en raison du théorème 2.1. Par ailleurs, un simple calcul montre que l'on a

$$\left(\lambda - A_{0,0}\right)^{-1} g(\mu, v) = \frac{1}{v} \int_0^\mu e^{-\lambda \frac{(\mu - \mu')}{v}} g(\mu', v) \mathrm{d}\mu' \qquad \text{p.p.,} \qquad (\mu, v) \in \Omega. \tag{2.11}$$

La première propriété importante de l'opérateur $\left(\lambda - A_{0,0}\right)^{-1}$ est formulée comme suit

Lemme 2.1. *Soit* $\lambda > 0$. *Alors l'opérateur linéaire* $(\lambda - A_{0,0})^{-1}$ *est borné de* L_p $(p \geqslant 1)$ *dans lui même vérifiant*

$$\left\| (\lambda - A_{0,0})^{-1} g \right\|_p \leqslant \frac{1}{\lambda} \| g \|_p \tag{2.12}$$

pour tout élément $g \in L_p$ $(p \geqslant 1)$.

Démonstration. Soient $\lambda > 0$ et $g \in L_p$ $(p \geqslant 1)$. Tout d'abord, en utilisant la relation (2.11) nous obtenons

$$
\begin{aligned}
\left\| (\lambda - A_{0,0})^{-1} |g| \right\|_p^p &= \int_\Omega \left| (\lambda - A_0)^{-1} |g| \, (\mu, v) \right|^p \mathrm{d}\mu \mathrm{d}v \\
&= \int_\Omega \left[\frac{1}{v} \int_0^\mu e^{-\lambda \frac{(\mu - \mu')}{v}} |g(\mu', v)| \, \mathrm{d}\mu' \right]^p \mathrm{d}\mu \mathrm{d}v \\
&= \int_\Omega \left[e^{-p\lambda \frac{\mu}{v}} \right] \left[\frac{1}{v} \int_0^\mu e^{\lambda \frac{\mu'}{v}} |g(\mu', v)| \, \mathrm{d}\mu' \right]^p \mathrm{d}\mu \mathrm{d}v
\end{aligned}
$$

que nous écrivons sous la forme

$$\left\| (\lambda - A_{0,0})^{-1} |g| \right\|_p^p = \int_a^b \underbrace{\left[\int_0^1 \left[e^{-p\lambda \frac{\mu}{v}} \right] \left[\frac{1}{v} \int_0^\mu e^{\lambda \frac{\mu'}{v}} |g(\mu', v)| \, \mathrm{d}\mu' \right]^p \mathrm{d}\mu \right]}_{f_\lambda(v)} \mathrm{d}v. \tag{2.13}$$

Ensuite, en intégrant par parties, la fonction f_λ devient

$$
\begin{aligned}
f_\lambda(v) = & \left[-\frac{v}{p\lambda} e^{-\frac{p\lambda}{v}} \right] \left[\frac{1}{v} \int_0^1 e^{\frac{\lambda \mu'}{v}} |g(\mu', v)| \, d\mu' \right]^p \\
& - \int_0^1 \left[-\frac{v}{p\lambda} e^{-\frac{p\lambda\mu}{v}} \right] \left[\frac{p}{v} e^{\lambda \frac{\mu}{v}} |g(\mu, v)| \right] \left[\frac{1}{v} \int_0^\mu e^{\frac{\lambda \mu'}{v}} |g(\mu', v)| \, d\mu' \right]^{(p-1)} \mathrm{d}\mu
\end{aligned}
$$

ou encore

$$
\begin{aligned}
f_\lambda(v) &\leqslant \int_0^1 \left[\frac{v}{p\lambda} e^{-\frac{p\lambda\mu}{v}} \right] \left[\frac{p}{v} e^{\lambda \frac{\mu}{v}} |g(\mu, v)| \right] \left[\frac{1}{v} \int_0^\mu e^{\frac{\lambda \mu'}{v}} |g(\mu', v)| \, d\mu' \right]^{(p-1)} \mathrm{d}\mu \\
&= \frac{1}{\lambda} \int_0^1 e^{-(p-1)\frac{\lambda\mu}{v}} |g(\mu, v)| \left[\frac{1}{v} \int_0^\mu e^{\frac{\lambda\mu'}{v}} |g(\mu', v)| \, d\mu' \right]^{(p-1)} \mathrm{d}\mu \\
&= \frac{1}{\lambda} \int_0^1 |g(\mu, v)| \left[\frac{1}{v} \int_0^\mu e^{-\lambda \frac{(\mu - \mu')}{v}} |g(\mu', v)| \, d\mu' \right]^{(p-1)} \mathrm{d}\mu
\end{aligned}
$$

qui peut, en vertu de (2.11), s'écrire

$$f_\lambda(v) \leqslant \frac{1}{\lambda} \int_0^1 |g(\mu, v)| \left[(\lambda - A_0)^{-1} |g| \, (\mu, v) \right]^{(p-1)} \mathrm{d}\mu.$$

Reportons cette dernière relation dans (2.13), nous en déduisons que

$$\left\| (\lambda - A_{0,0})^{-1} |g| \right\|_p^p \leqslant \frac{1}{\lambda} \int_\Omega |g(\mu, v)| \left[(\lambda - A_0)^{-1} |g| \, (\mu, v) \right]^{(p-1)} \mathrm{d}\mu \mathrm{d}v.$$

Si $p = 1$ alors

$$\left\|(\lambda - A_{0,0})^{-1}|g|\right\|_1 \leqslant \frac{1}{\lambda}\int_\Omega |g(\mu,v)|\,\mathrm{d}\mu\mathrm{d}v = \frac{1}{\lambda}\|g\|_1. \tag{2.14}$$

Si $p > 1$, l'inégalité de Hölder (avec $p^{-1} + q^{-1} = 1$) conduit à

$$\left\|(\lambda - A_{0,0})^{-1}g\right\|_p^p \leqslant \frac{1}{\lambda}\left[\int_\Omega |g(\mu,v)|^p\,\mathrm{d}\mu\mathrm{d}v\right]^{\frac{1}{p}}\left[\int_\Omega \left[(\lambda - A_0)^{-1}|g|(\mu,v)\right]^{(p-1)q}\,\mathrm{d}\mu\mathrm{d}v\right]^{\frac{1}{q}}$$

$$= \frac{1}{\lambda}\|g\|_p\left[\int_\Omega \left[(\lambda - A_0)^{-1}|g|(\mu,v)\right]^p\,\mathrm{d}\mu\mathrm{d}v\right]^{\frac{(p-1)}{p}}$$

$$= \frac{1}{\lambda}\|g\|_p\left\|(\lambda - A_0)^{-1}|g|\right\|_p^{p-1}$$

et donc

$$\left\|(\lambda - A_{0,0})^{-1}|g|\right\|_p \leqslant \frac{1}{\lambda}\|g\|_p. \tag{2.15}$$

Enfin, remarquons qu'en utilisant la relation (2.11) nous pouvons écrire

$$\left\|(\lambda - A_{0,0})^{-1}g\right\|_p^p = \int_\Omega \left|(\lambda - A_0)^{-1}g(\mu,v)\right|^p\,\mathrm{d}\mu\mathrm{d}v$$

$$= \int_\Omega \left|\frac{1}{v}\int_0^\mu e^{-\lambda\frac{(\mu-\mu')}{v}}g(\mu',v)\mathrm{d}\mu'\right|^p\,\mathrm{d}\mu\mathrm{d}v$$

$$\leqslant \int_\Omega \left[\frac{1}{v}\int_0^\mu e^{-\lambda\frac{(\mu-\mu')}{v}}|g(\mu',v)|\,\mathrm{d}\mu'\right]^p\,\mathrm{d}\mu\mathrm{d}v$$

qui n'est autre que

$$\left\|(\lambda - A_{0,0})^{-1}g\right\|_p \leqslant \left\|(\lambda - A_{0,0})^{-1}|g|\right\|_p.$$

Pour conclure cette preuve et déduire la relation (2.12), il suffit de combiner cette dernière relation avec la relation (2.14) (pour $p = 1$) ou la relation (2.15) (pour $p > 1$). $\qquad\square$

Lemme 2.2. *Soit $\lambda > 0$. Alors pour tout élément $g \in \mathrm{L}_p$ ($p \geqslant 1$), nous avons*

$$\left\|v^{\frac{1}{p}}(\lambda - A_{0,0})^{-1}g\right\|_p \leqslant C_\lambda\|g\|_p \tag{2.16}$$

et

$$\left\|\gamma_1(\lambda - A_{0,0})^{-1}g\right\|_{Y_p} \leqslant C_\lambda\|g\|_p \tag{2.17}$$

où, γ_1 est défini par la relation (2.8) et la constante C_λ est définie par

$$C_\lambda := \begin{cases} \left[\frac{(p-1)}{p\lambda}\right]^{(p-1)} & si \quad p > 1 \\[2mm] 1 & si \quad p = 1. \end{cases}$$

Démonstration. Soient $\lambda > 0$ et $g \in \mathrm{L}_p$ $(p \geqslant 1)$.

Étape 1. Soit f la fonction définie par

$$f(\mu) = \int_a^b v \left| \frac{1}{v} \int_0^\mu e^{-\lambda \frac{(\mu - \mu')}{v}} g(\mu', v) \mathrm{d}\mu' \right|^p \mathrm{d}v \qquad \mu \in (0, 1). \qquad (2.18)$$

Tout d'abord, si $p = 1$ alors

$$\begin{aligned}
f(\mu) &= \int_a^b v \left| \frac{1}{v} \int_0^\mu e^{-\lambda \frac{(\mu - \mu')}{v}} g(\mu', v) \mathrm{d}\mu' \right| \mathrm{d}v \\
&\leqslant \int_a^b \int_0^\mu e^{-\lambda \frac{(\mu - \mu')}{v}} |g(\mu', v)| \, \mathrm{d}\mu' \mathrm{d}v \\
&\leqslant \int_a^b \int_0^\mu |g(\mu', v)| \, \mathrm{d}\mu' \mathrm{d}v
\end{aligned}$$

et par conséquent

$$f(\mu) \leqslant \|g\|_1 \qquad \text{si} \qquad p = 1. \qquad (2.19)$$

Ensuite, si $p > 1$ alors

$$\begin{aligned}
f(\mu) &= \int_a^b \frac{1}{v^{(p-1)}} \left| \int_0^\mu e^{-\lambda \frac{(\mu - \mu')}{v}} g(\mu', v) \mathrm{d}\mu' \right|^p \mathrm{d}v \\
&\leqslant \int_a^b \frac{1}{v^{(p-1)}} \left[\int_0^\mu e^{-\lambda \frac{(\mu - \mu')}{v}} |g(\mu', v)| \, \mathrm{d}\mu' \right]^p \mathrm{d}v
\end{aligned}$$

En utilisant l'inégalité de Hölder(avec $p^{-1} + q^{-1} = 1$) nous en déduisons que

$$\begin{aligned}
f(\mu) &\leqslant \int_a^b \frac{1}{v^{(p-1)}} \left[\int_0^\mu e^{-\lambda q \frac{(\mu - \mu')}{v}} \mathrm{d}\mu' \right]^{\frac{p}{q}} \left[\int_0^\mu |g(\mu', v)|^p \, \mathrm{d}\mu' \right] \mathrm{d}v \\
&= \int_a^b \frac{1}{v^{(p-1)}} \left[\frac{v}{\lambda q} \left(1 - e^{-\lambda q \frac{\mu}{v}} \right) \right]^{\frac{p}{q}} \left[\int_0^\mu |g(\mu', v)|^p \, \mathrm{d}\mu' \right] \mathrm{d}v \\
&\leqslant \int_a^b \frac{1}{v^{(p-1)}} \left[\frac{v}{\lambda q} \right]^{\frac{p}{q}} \left[\int_0^1 |g(\mu', v)|^p \, \mathrm{d}\mu' \right] \mathrm{d}v \\
&= \int_a^b \frac{1}{v^{(p-1)}} \left[\frac{(p-1)v}{\lambda p} \right]^{(p-1)} \left[\int_0^1 |g(\mu', v)|^p \, \mathrm{d}\mu' \right] \mathrm{d}v \\
&= \left[\frac{(p-1)}{p\lambda} \right]^{(p-1)} \left[\int_a^b \int_0^1 |g(\mu', v)|^p \, \mathrm{d}\mu' \mathrm{d}v \right]
\end{aligned}$$

et par conséquent

$$f(\mu) \leqslant \left[\frac{(p-1)}{p\lambda} \right]^{(p-1)} \|g\|_p \qquad \text{si} \qquad p > 1. \qquad (2.20)$$

En combinant les deux relations (2.19) et (2.20) nous pouvons écrire

$$f(\mu) \leqslant C_\lambda \|g\|_p \qquad \text{pour tout} \qquad \mu \in (0, 1). \qquad (2.21)$$

Étape 2. En utilisant la relation (2.18), nous pouvons écrire

$$\left\|v^{\frac{1}{p}}(\lambda - A_{0,0})^{-1}g\right\|_p^p = \int_0^1 \int_a^b v \left|\frac{1}{v}\int_0^\mu e^{-\lambda\frac{(\mu-\mu')}{v}}g(\mu',v)\mathrm{d}\mu'\right|^p \mathrm{d}v\mathrm{d}\mu$$

$$= \int_0^1 \underbrace{\left[\int_a^b v \left|\frac{1}{v}\int_0^\mu e^{-\lambda\frac{(\mu-\mu')}{v}}g(\mu',v)\mathrm{d}\mu'\right|^p \mathrm{d}v\right]}_{f(\mu)} \mathrm{d}\mu$$

$$= \int_0^1 \qquad\qquad f(\mu) \qquad\qquad \mathrm{d}\mu$$

et

$$\left\|\gamma_1(\lambda - A_{0,0})^{-1}g\right\|_{Y_p}^p = \underbrace{\int_a^b \left|\frac{1}{v}\int_0^1 e^{-\lambda\frac{(1-\mu')}{v}}g(\mu',v)\mathrm{d}\mu'\right|^p v\mathrm{d}v}_{}$$

$$= \qquad\qquad f(1)$$

ce qui conduit aisément, en vertu de (2.21), aux deux relations (2.16) et (2.17). □

Remarque 2.2. *La relation (2.16) est valable pour tout* b $\leqslant \infty$. *Cependant, si* b $< \infty$ *alors*

$$\left\|v^{\frac{1}{p}}(\lambda - A_{0,0})^{-1}g\right\|_p \leqslant b^{\frac{1}{p}}\|g\|_p.$$

Maintenant, nous sommes en mesure d'énoncer le résultat principal de cette section comme suit

Théorème 2.2. *L'opérateur non borné $A_{0,0}$ engendre, sur* L_p *($p \geqslant 1$), un semi-groupe fortement continu,* $\mathbb{A}_{0,0} = (\mathbb{A}_{0,0}(t))_{t\geqslant 0}$, *de contractons i.e.,*

$$\left\|\mathbb{A}_{0,0}(t)\varphi\right\|_p \leqslant \|\varphi\|_p \qquad t \geqslant 0$$

pour toute donnée initiale $\varphi \in L_p$ *($p \geqslant 1$).*

Démonstration. Tout d'abord, l'opérateur $A_{0,0}$ est à domaine dense dans L_p ($p \geqslant 1$) puisque l'on a $C_c^\infty(\Omega) \subset D\left(A_{0,0}\right) \subset L_p$ où, $C_c^\infty(\Omega)$ désigne l'ensemble des fonctions indéfiniment dérivables à support compact dans Ω.

Ensuite, en utilisant le lemme 2.1, nous en déduisons que $(\lambda - A_{0,0})^{-1}$ (avec $\lambda > 0$) est un opérateur linéaire borné de L_p ($p \geqslant 1$) dans lui même. En écrivant

$$A_{0,0} = (\lambda - A_{0,0})\left(\lambda(\lambda - A_{0,0})^{-1} - I_{L_p}\right)$$

nous concluons que l'opérateur non borné $A_{0,0}$ est fermé.

Finalement, ces deux arguments avec l'inégalité (2.12) montrent que toutes les conditions requises par le théorème 1.1 sont satisfaites avec $M = 1$ et $\omega = 0$. □

2.4 Simulations Numériques

Dans cette section, nous allons simuler numériquement la solution du modèle (2.1)–(2.2) et la comparer à la solution exacte.

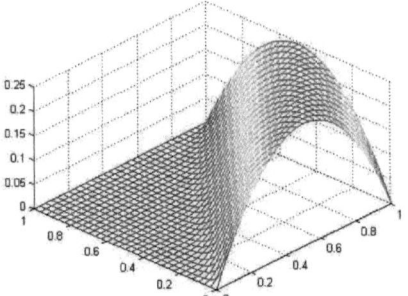

FIGURE 2.1 – Solution Approchée

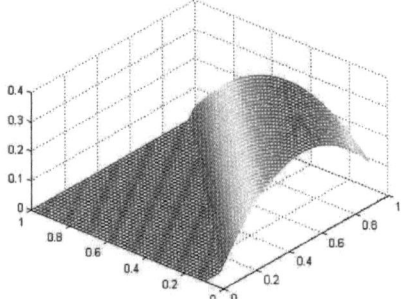

FIGURE 2.2 – Solution Exacte

Chapitre 3

Le Modèle Avec Divisions Cellulaires

Sommaire

Dans ce chapitre, nous allons étudier l'évolution d'une population cellulaire dépourvue de mortalité et de prolifération (*i.e.*, $\sigma = r = 0$). La densité cellulaire, $f = f(t, \mu, v)$, vérifie alors l'équation (0.1)–(avec $\sigma = r = 0$) *i.e.*,

$$\frac{\partial f}{\partial t} = -v \frac{\partial f}{\partial \mu} \qquad t \geqslant 0. \tag{3.1}$$

Au sein de cette population, nous supposons que les cellules se divisent suivant la loi biologique composée (0.4), *i.e.*,

$$f(t, 0, v) = \alpha f(t, 1, v) + \frac{\beta}{v} \int_a^b k(v, v') f(t, 1, v') v' \mathrm{d}v' \qquad t \geqslant 0 \tag{3.2}$$

où, $\alpha \geqslant 0$ et $\beta \geqslant 0$ désignent les nombres moyens de cellules filles issues par mitose cellulaire et k désigne le noyau de corrélation (voir l'introduction pour plus de détails).

L'objectif de ce chapitre est d'étudier le modèle (3.1)–(3.2) et de montrer qu'il est gouverné par un semi-groupe fortement continu.

Nous rappelons que le cadre mathématique utilisé dans ce chapitre est déjà défini dans la section 2.1 du chapitre 2.

3.1 Résultats Auxiliaires

Dans cette section, nous allons montrer quelques résultats qui seront très utiles dans la suite. Soit alors $K_{\alpha,\beta}$ $(\alpha,\beta \geqslant 0)$ l'opérateur linéaire défini par

$$K_{\alpha,\beta}\psi(v) := \alpha\psi(v) + \frac{\beta}{v}\int_a^b k(v,v')\psi(v')v'\mathrm{d}v' \qquad v \in (\mathrm{a,b}) \qquad (3.3)$$

que l'on peut facilement écrire sous la forme

$$K_{\alpha,\beta} = K_{\alpha,0} + K_{0,\beta} \qquad (3.4)$$

avec

$$K_{\alpha,0}\psi := \alpha\psi \qquad (3.5)$$

et

$$K_{0,\beta}\psi(v) := \frac{\beta}{v}\int_a^b k(v,v')\psi(v')v'\mathrm{d}v'. \qquad (3.6)$$

La condition aux limites (3.2) pourra donc s'écrire, pour toute densité cellulaire initiale $\varphi(\mu,v) = f(0,\mu,v)$, sous la nouvelle forme condensée

$$\gamma_0\varphi = K_{\alpha,\beta}\gamma_1\varphi \qquad (3.7)$$

où, les applications de traces γ_0 et γ_1 sont définies par la relation (2.8).

Cette nouvelle forme de la condition aux limites, (3.7), nous suggère naturellement d'étudier les propriétés de l'opérateur $K_{\alpha,\beta}$. Prouvons alors le résultat suivant

Lemme 3.1. *Soient $\alpha \geqslant 0$ et $\beta \geqslant 0$ et soit $\psi \in Y_p$ $(p \geqslant 1)$. Alors, pour tout $\omega \in (\mathrm{a,b})$, nous avons*

$$\left\|K_{\alpha,\beta}\psi\right\|_{Y_p} \leqslant (\alpha + \beta\overline{\kappa}_a)\left[\int_a^\omega |\psi(v)|^p\, v\mathrm{d}v\right]^{\frac{1}{p}} + (\alpha + \beta\overline{\kappa}_\omega)\left[\int_\omega^b |\psi(v)|^p\, v\mathrm{d}v\right]^{\frac{1}{p}} \qquad (3.8)$$

où, $\overline{\kappa}_a$ et $\overline{\kappa}_\omega$ sont définis par la relation suivante (avec $\xi = \mathrm{a}$ et $\xi = \omega$ respectivement)

$$\overline{\kappa}_\xi := \begin{cases} \left[\sup_{\mathrm{a}\leqslant v\leqslant \mathrm{b}}\mathrm{ess}\int_\xi^b |k(v,v')|\, v'\mathrm{d}v'\right]^{\left(1-\frac{1}{p}\right)}\left[\sup_{\xi\leqslant v'\leqslant \mathrm{b}}\mathrm{ess}\int_a^b |k(v,v')|\, v^{(1-p)}\mathrm{d}v\right]^{\frac{1}{p}} & si \quad p > 1 \\[20pt] \sup_{\xi\leqslant v'\leqslant \mathrm{b}}\mathrm{ess}\int_a^b |k(v,v')|\, \mathrm{d}v & si \quad p = 1. \end{cases} \qquad (3.9)$$

Démonstration. Soit $\psi \in Y_p$ $(p \geqslant 1)$. En utilisant (3.4), il vient que

$$\left\|K_{\alpha,\beta}\psi\right\|_{Y_p} \leqslant \left\|K_{\alpha,0}\psi\right\|_{Y_p} + \left\|K_{0,\beta}\psi\right\|_{Y_p}. \qquad (3.10)$$

Soit $\omega \in (\mathrm{a,b})$. Divisons le reste de la preuve en plusieurs étapes.

Étape 1. (Estimation de $\left\| K_{\alpha,0}\psi \right\|_{Y_p}$ $(p \geqslant 1)$).

Tout d'abord, la relation (3.5) permet d'écrire

$$
\begin{aligned}
\left\| K_{\alpha,0}\psi \right\|_{Y_p} &= \left[\int_a^b \alpha^p \left| \psi(v) \right|^p v \mathrm{d}v \right]^{\frac{1}{p}} \\
&= \alpha \left[\int_a^\omega \left| \psi(v) \right|^p v \mathrm{d}v + \int_\omega^b \left| \psi(v) \right|^p v \mathrm{d}v \right]^{\frac{1}{p}} \\
&\leqslant \alpha \left[\int_a^\omega \left| \psi(v) \right|^p v \mathrm{d}v + \int_\omega^b \left| \psi(v) \right|^p v \mathrm{d}v \right]^{\frac{1}{p}}
\end{aligned}
$$

ce qui implique, en vertu de l'inégalité $(|x| + |y|)^{\frac{1}{p}} \leqslant |x|^{\frac{1}{p}} + |y|^{\frac{1}{p}}$ $(p \geqslant 1)$, que

$$
\left\| K_{\alpha,0}\psi \right\|_{Y_p} \leqslant \alpha \left[\int_a^\omega \left| \psi(v) \right|^p v \mathrm{d}v \right]^{\frac{1}{p}} + \alpha \left[\int_\omega^b \left| \psi(v) \right|^p v \mathrm{d}v \right]^{\frac{1}{p}}. \tag{3.11}
$$

Étape 2. (Étape auxiliaire).

Soient τ et ξ deux réels tels que $a \leqslant \tau < \xi \leqslant b$ et soit $F_{\tau,\xi}$ la fonctionnelle suivante

$$
F_{\tau,\xi}(\phi) := \left[\int_a^b \left[\int_\tau^\xi \left| k(v,v') \right| \left| \phi(v') \right| v' \mathrm{d}v' \right]^p v^{(1-p)} \mathrm{d}v \right]^{\frac{1}{p}}. \tag{3.12}
$$

Tout d'abord, si $p = 1$ alors

$$
\begin{aligned}
F_{\tau,\xi}(\phi) &= \int_a^b \left[\int_\tau^\xi \left| k(v,v') \right| \left| \phi(v') \right| v' \mathrm{d}v' \right] \mathrm{d}v \\
&= \int_\tau^\xi \left[\int_a^b \left| k(v,v') \right| \mathrm{d}v \right] \left| \phi(v') \right| v' \mathrm{d}v' \\
&\leqslant \left[\sup_{\tau \leqslant v' \leqslant \xi} \mathrm{ess} \int_a^b \left| k(v,v') \right| \mathrm{d}v \right] \int_\tau^\xi \left| \phi(v') \right| v' \mathrm{d}v' \\
&\leqslant \underbrace{\left[\sup_{\tau \leqslant v' \leqslant b} \mathrm{ess} \int_a^b \left| k(v,v') \right| \mathrm{d}v \right]}_{\overline{\kappa}_\tau} \int_\tau^\xi \left| \phi(v') \right| v' \mathrm{d}v'
\end{aligned}
$$

et par conséquent

$$
F_{\tau,\xi}(\phi) \leqslant \overline{\kappa}_\tau \int_\tau^\xi \left| \phi(v') \right| v' \mathrm{d}v' \qquad \text{pour} \qquad p = 1. \tag{3.13}
$$

Ensuite, si $p > 1$ alors en écrivant (3.12) (avec $p^{-1} + q^{-1} = 1$) sous la forme

$$
\left[F_{\tau,\xi}(\phi) \right]^p = \int_a^b \left[\int_\tau^\xi \left[\left| k(v,v') \right| v' \right]^{\frac{1}{q}} \left[\left| k(v,v') \right| v' \left| \phi(v') \right|^p \right]^{\frac{1}{p}} \mathrm{d}v' \right]^p v^{(1-p)} \mathrm{d}v
$$

on en déduit, en vertu de l'inégalité de Hölder, que

$$
\begin{aligned}
\left[F_{\tau,\xi}(\phi)\right]^{p} &\leqslant \int_{a}^{b}\left[\int_{\tau}^{\xi}\left|k(v,v')\right|v'\mathrm{d}v'\right]^{\frac{p}{q}}\left[\int_{\tau}^{\xi}\left|k(v,v')\right|\left|\phi(v')\right|^{p}v'\mathrm{d}v'\right]v^{(p-1)}\mathrm{d}v \\
&\leqslant \left[\sup_{a\leqslant v\leqslant b}\mathrm{ess}\int_{\tau}^{\xi}\left|k(v,v')\right|v'\mathrm{d}v'\right]^{\frac{p}{q}}\int_{a}^{b}\left[\int_{\tau}^{\xi}\left|k(v,v')\right|\left|\phi(v')\right|^{p}v'\mathrm{d}v'\right]v^{(p-1)}\mathrm{d}v \\
&= \left[\sup_{a\leqslant v\leqslant b}\mathrm{ess}\int_{\tau}^{\xi}\left|k(v,v')\right|v'\mathrm{d}v'\right]^{\frac{p}{q}}\int_{\tau}^{\xi}\left[\int_{a}^{b}\left|k(v,v')\right|v^{(p-1)}\mathrm{d}v\right]\left|\phi(v')\right|^{p}v'\mathrm{d}v' \\
&\leqslant \left[\sup_{a\leqslant v\leqslant b}\mathrm{ess}\int_{\tau}^{\xi}\left|k(v,v')\right|v'\mathrm{d}v'\right]^{\frac{p}{q}}\left[\sup_{\tau\leqslant v'\leqslant\xi}\mathrm{ess}\int_{a}^{b}\left|k(v,v')\right|v^{(p-1)}\mathrm{d}v\right]\int_{\tau}^{\xi}\left|\phi(v')\right|^{p}v'\mathrm{d}v' \\
&\leqslant \underbrace{\left[\sup_{a\leqslant v\leqslant b}\mathrm{ess}\int_{\tau}^{b}\left|k(v,v')\right|v'\mathrm{d}v'\right]^{\frac{p}{q}}\left[\sup_{\tau\leqslant v'\leqslant b}\mathrm{ess}\int_{a}^{b}\left|k(v,v')\right|v^{(p-1)}\mathrm{d}v\right]}_{(\overline{\kappa}_{\tau})^{p}}\int_{\tau}^{\xi}\left|\phi(v')\right|^{p}v'\mathrm{d}v' \\
&=
\end{aligned}
$$

et par conséquent

$$
F_{\tau,\xi}(\phi)\leqslant \overline{\kappa}_{\tau}\left[\int_{\tau}^{\xi}\left|\phi(v')\right|^{p}v'\mathrm{d}v'\right]^{\frac{1}{p}} \qquad \text{pour} \qquad p>1. \tag{3.14}
$$

En combinant les deux relations (3.13) et (3.14) nous en déduisons que

$$
F_{\tau,\xi}(\phi)\leqslant \overline{\kappa}_{\tau}\left[\int_{\tau}^{\xi}\left|\phi(v')\right|^{p}v'\mathrm{d}v'\right]^{\frac{1}{p}} \qquad \text{pour} \qquad p\geqslant 1. \tag{3.15}
$$

Étape 3. (Estimation de $\left\|K_{0,\beta}\psi\right\|_{Y_p}$ $(p\geqslant 1)$).

En utilisant (3.6), nous pouvons écrire

$$
K_{0,\beta}\psi(v)=\underbrace{\frac{\beta}{v}\int_{a}^{\omega}k(v,v')\psi(v')v'\mathrm{d}v'}_{f_1(v)} \quad + \quad \underbrace{\frac{\beta}{v}\int_{\omega}^{b}k(v,v')\psi(v')v'\mathrm{d}v'}_{f_2(v)}
$$

$$
:= \qquad\qquad f_1(v) \qquad\qquad + \qquad\qquad f_2(v)
$$

et donc

$$
\left\|K_{0,\beta}\psi\right\|_{Y_p}\leqslant \left\|f_1\right\|_{Y_p}+\left\|f_2\right\|_{Y_p}. \tag{3.16}
$$

Mais,

$$
\begin{aligned}
\left\|f_1\right\|_{Y_p} &= \left[\int_{a}^{b}\left|\frac{\beta}{v}\int_{a}^{\omega}k(v,v')\psi(v')v'\mathrm{d}v'\right|^{p}v\mathrm{d}v\right]^{\frac{1}{p}} \\
&= \beta\left[\int_{a}^{b}\left|\int_{a}^{\omega}k(v,v')\psi(v')v'\mathrm{d}v'\right|^{p}v^{(1-p)}\mathrm{d}v\right]^{\frac{1}{p}} \\
&\leqslant \beta\left[\int_{a}^{b}\left[\int_{a}^{\omega}\left|k(v,v')\right|\left|\psi(v')\right|v'\mathrm{d}v'\right]^{p}v^{(1-p)}\mathrm{d}v\right]^{\frac{1}{p}}
\end{aligned}
$$

28

qui pourra s'écrire sous la forme

$$\left\|f_1\right\|_{Y_p} \leqslant \beta F_{a,\omega}(\psi)$$

où, $F_{a,\omega}$ est la fonctionnelle définie par la relation (3.12)–(avec $\xi = a$ et $\tau = \omega$). En utilisant la relation (3.15)–(avec $\xi = a$ et $\tau = \omega$) on en déduit que

$$\left\|f_1\right\|_{Y_p} \leqslant \beta \overline{\kappa}_a \left[\int_a^\omega |\psi(v')|^p v' \mathrm{d}v'\right]^{\frac{1}{p}}. \tag{3.17}$$

Ensuite,

$$\begin{aligned}
\left\|f_2\right\|_{Y_p} &= \left[\int_a^b \left|\frac{\beta}{v}\int_\omega^b k(v,v')\psi(v')v'\mathrm{d}v'\right|^p v\mathrm{d}v\right]^{\frac{1}{p}} \\
&= \beta \left[\int_a^b \left|\int_\omega^b k(v,v')\psi(v')v'\mathrm{d}v'\right|^p v^{(1-p)}\mathrm{d}v\right]^{\frac{1}{p}} \\
&\leqslant \beta \left[\int_a^b \left[\int_\omega^b |k(v,v')|\,|\psi(v')|\,v'\mathrm{d}v'\right]^p v^{(1-p)}\mathrm{d}v\right]^{\frac{1}{p}}
\end{aligned}$$

ou encore

$$\left\|f_2\right\|_{Y_p} \leqslant \beta F_{\omega,b}(\psi)$$

ce qui implique, en vertu de la relation (3.15)–(avec $\xi = \omega$ et $\tau = b$), que

$$\left\|f_2\right\|_{Y_p} \leqslant \beta \overline{\kappa}_\omega \left[\int_\omega^b |\psi(v')|^p v' \mathrm{d}v'\right]^{\frac{1}{p}}. \tag{3.18}$$

En remplaçant les deux relations (3.17) et (3.18) dans la relation (3.16) nous obtenons

$$\left\|K_{0,\beta,\lambda}\psi\right\|_{Y_p} \leqslant \beta \overline{\kappa}_a \left[\int_a^\omega |\psi(v')|^p v' \mathrm{d}v'\right]^{\frac{1}{p}} + \beta \overline{\kappa}_\omega \left[\int_\omega^b |\psi(v')|^p v' \mathrm{d}v'\right]^{\frac{1}{p}}. \tag{3.19}$$

Étape 4. (Preuve de la relation (3.8)).

Maintenant, pour conclure cette preuve et déduire la relation (3.8), il suffit de reporter les deux relations (3.11) et (3.19) dans la relation (3.10). $\qquad\square$

Le lemme 3.1 nous suggère l'hypothèses suivante

$$\boxed{(\mathbf{A}_k^1)} : \qquad\qquad\qquad \overline{\kappa}_a < \infty$$

où, $\overline{\kappa}_a$ est défini par (3.9)–(avec $\xi = a$), *i.e.*,

$$\overline{\kappa}_a := \begin{cases} \left[\underset{a \leqslant v \leqslant b}{\sup\mathrm{ess}}\int_a^b |k(v,v')|\,\mathrm{d}v'\right]^{\left(1-\frac{1}{p}\right)}\left[\underset{a \leqslant v' \leqslant b}{\sup\mathrm{ess}}\int_a^b |k(v,v')|\,v^{(1-p)}\mathrm{d}v\right]^{\frac{1}{p}} & \text{if} \quad p > 1 \\[4mm] \underset{a \leqslant v' \leqslant b}{\sup\mathrm{ess}}\int_a^b |k(v,v')|\,\mathrm{d}v & \text{if} \quad p = 1. \end{cases} \tag{3.20}$$

Dans ce cas, nous avons

29

Corollaire 3.1. *Soient $\alpha \geqslant 0$ et $\beta \geqslant 0$. Si l'hypothèse $(\mathbf{A}_k^1)$ est vérifiée alors l'opérateur linéaire $K_{\alpha,\beta}$ est borné de Y_p $(p \geqslant 1)$ dans lui même vérifiant*

$$\left\| K_{\alpha,\beta} \right\|_{\mathcal{L}(Y_p)} \leqslant \alpha + \beta \overline{\kappa}_{\mathrm{a}} \tag{3.21}$$

où, $\overline{\kappa}_{\mathrm{a}}$ est donné par (3.20).

Démonstration. Soit $\psi \in Y_p$ $(p \geqslant 1)$. En utilisant la relation (3.8)–(avec $\omega = \mathrm{a}$) nous en déduisons que

$$\left\| K_{\alpha,\beta} \psi \right\|_{Y_p} \leqslant (\alpha + \beta \overline{\kappa}_{\mathrm{a}}) \left[\int_{\mathrm{a}}^{\mathrm{b}} |\psi(v)|^p \, v \mathrm{d}v \right]^{\frac{1}{p}}$$

ce qui prouve la relation (3.21). Maintenant l'hypothèse $(\mathbf{A}_k^1)$ achève cette preuve. $\qquad \square$

Dans la suite, nous allons nous intéresser à un autre opérateur. Soit alors $\lambda \geqslant 0$ et soit $K_{\alpha,\beta,\lambda}$ $(\alpha, \beta \geqslant 0)$ l'opérateur linéaire suivant

$$K_{\alpha,\beta,\lambda} \psi(v) := \alpha e^{-\frac{\lambda}{v}} \psi(v) + \frac{\beta}{v} \int_{\mathrm{a}}^{\mathrm{b}} e^{-\frac{\lambda}{v'}} k(v, v') \psi(v') v' \mathrm{d}v' \qquad v \in (\mathrm{a}, \mathrm{b}) \tag{3.22}$$

que l'on peut écrire sous la forme

$$K_{\alpha,\beta,\lambda} = K_{\alpha,0,\lambda} + K_{0,\beta,\lambda} \tag{3.23}$$

avec

$$K_{\alpha,0,\lambda} := \alpha e^{-\frac{\lambda}{v}} \psi(v) \tag{3.24}$$

et

$$K_{0,\beta,\lambda} := \frac{\beta}{v} \int_{\mathrm{a}}^{\mathrm{b}} e^{-\frac{\lambda}{v'}} k(v, v') \psi(v') v' \mathrm{d}v'. \tag{3.25}$$

Comme nous allons le voir, l'opérateur $K_{\alpha,\beta,\lambda}$ jouera un rôle capital dans ce chapitre. Il est donc naturel d'étudier ses propriétés. La première est formulée comme suit

Lemme 3.2. *Soient $\alpha \geqslant 0$ et $\beta \geqslant 0$ et soient $\lambda \geqslant 0$ et $\psi \in Y_p$ $(p \geqslant 1)$. Alors, pour tout $\omega \in (\mathrm{a}, \mathrm{b})$, nous avons*

$$
\begin{aligned}
\left\| K_{\alpha,\beta,\lambda} \psi \right\|_{Y_p} &\leqslant e^{-\frac{\lambda}{\omega}} (\alpha + \beta \overline{\kappa}_{\mathrm{a}}) \left[\int_{\mathrm{a}}^{\omega} |\psi(v)|^p \, v \mathrm{d}v \right]^{\frac{1}{p}} \\
&\quad + (\alpha + \beta \overline{\kappa}_{\omega}) \left[\int_{\omega}^{\mathrm{b}} e^{-p \frac{\lambda}{v}} |\psi(v)|^p \, v \mathrm{d}v \right]^{\frac{1}{p}}
\end{aligned} \tag{3.26}
$$

où, $\overline{\kappa}_{\omega}$ et $\overline{\kappa}_{\mathrm{a}}$ sont définis respectivement par (3.9)–(avec $\xi = \omega$) et (3.20).

Démonstration. Soient $\lambda \geqslant 0$ et $\psi \in Y_p$ $(p \geqslant 1)$ et soit $\psi_\lambda(v) := e^{-\frac{\lambda}{v}} \psi(v)$. En utilisant les relations (3.3) et (3.22) nous en déduisons que $K_{\alpha,\beta,\lambda} \psi = K_{\alpha,\beta} \psi_\lambda$. En appliquant la relation

(3.8), il vient que

$$\left\|K_{\alpha,\beta,\lambda}\psi\right\|_{Y_p} \leqslant (\alpha+\beta\overline{\kappa}_a)\left[\int_a^\omega |\psi_\lambda(v)|^p\, v\mathrm{d}v\right]^{\frac{1}{p}} + (\alpha+\beta\overline{\kappa}_\omega)\left[\int_\omega^b |\psi_\lambda(v)|^p\, v\mathrm{d}v\right]^{\frac{1}{p}}$$

$$= (\alpha+\beta\overline{\kappa}_a)\left[\int_a^\omega \left|e^{-\frac{\lambda}{v}}\psi(v)\right|^p\, v\mathrm{d}v\right]^{\frac{1}{p}} + (\alpha+\beta\overline{\kappa}_\omega)\left[\int_\omega^b \left|e^{-\frac{\lambda}{v}}\psi(v)\right|^p\, v\mathrm{d}v\right]^{\frac{1}{p}}$$

$$\leqslant e^{-\frac{\lambda}{\omega}}(\alpha+\beta\overline{\kappa}_a)\left[\int_a^\omega |\psi(v)|^p\, v\mathrm{d}v\right]^{\frac{1}{p}} + (\alpha+\beta\overline{\kappa}_\omega)\left[\int_\omega^b e^{-p\frac{\lambda}{v}}|\psi(v)|^p\, v\mathrm{d}v\right]^{\frac{1}{p}}$$

ce qui prouve la relation (3.26) et achève la preuve. $\qquad\square$

Corollaire 3.2. *Soient* $\alpha \geqslant 0$ *et* $\beta \geqslant 0$. *Si l'hypothèse* $(\mathbf{A}_k^1)$ *est vérifiée alors l'opérateur linéaire* $K_{\alpha,\beta,\lambda}$ $(\lambda \geqslant 0)$ *est borné de* Y_p $(p \geqslant 1)$ *dans lui même vérifiant*

$$\left\|K_{\alpha,\beta,\lambda}\right\|_{\mathcal{L}(Y_p)} \leqslant \alpha+\beta\overline{\kappa}_a \tag{3.27}$$

où, $\overline{\kappa}_a$ *est donné par (3.20). En plus, si* $b < \infty$, *alors*

$$\left\|K_{\alpha,\beta,\lambda}\right\|_{\mathcal{L}(Y_p)} \leqslant e^{-\frac{\lambda}{b}}(\alpha+\beta\overline{\kappa}_a). \tag{3.28}$$

Démonstration. Soient $\lambda \geqslant 0$ et $\psi \in Y_p$ $(p \geqslant 1)$. La relation (3.26)–(avec $\omega = a$) permet d'écrire

$$\left\|K_{\alpha,\beta,\lambda}\psi\right\|_{Y_p} \leqslant (\alpha+\beta\overline{\kappa}_a)\left[\int_a^b e^{-p\frac{\lambda}{v}}|\psi(v)|^p\, v\mathrm{d}v\right]^{\frac{1}{p}}$$

$$\leqslant (\alpha+\beta\overline{\kappa}_a)\left[\int_a^b |\psi(v)|^p\, v\mathrm{d}v\right]^{\frac{1}{p}}$$

ce qui conduit à la relation (3.27).

Si $b < \infty$, alors la relation (3.26)–(avec $\omega = a$) permet également d'écrire

$$\left\|K_{\alpha,\beta,\lambda}\psi\right\|_{Y_p} \leqslant (\alpha+\beta\overline{\kappa}_a)\left[\int_a^b e^{-p\frac{\lambda}{v}}|\psi(v)|^p\, v\mathrm{d}v\right]^{\frac{1}{p}}$$

$$\leqslant e^{-\frac{\lambda}{b}}(\alpha+\beta\overline{\kappa}_a)\left[\int_a^b |\psi(v)|^p\, v\mathrm{d}v\right]^{\frac{1}{p}}$$

ce qui conduit à la relation (3.28). Maintenant l'hypothèse $(\mathbf{A}_k^1)$ achève cette preuve. $\quad\square$

En vue d'étudier la contraction de l'opérateur $K_{\alpha,\beta,\lambda}$ le corollaire 3.2 nous suggère naturellement de distinguer les cas $b < \infty$ et $b = \infty$. Commençons alors par le premier cas

Proposition 3.1. (Cas : b $< \infty$). *Supposons que l'hypothèse* $(\mathbf{A}_k^1)$ *soit satisfaite et soient* $\alpha \geqslant 0$ *et* $\beta \geqslant 0$. *Si* b $< \infty$ *alors nous avons*

$$\left\| K_{\alpha,\beta,\lambda} \right\|_{\mathcal{L}(Y_p)} < 1 \qquad\qquad \text{pour tout} \qquad\qquad \lambda > b \ln \overline{\delta}_{\alpha,\beta} \qquad (3.29)$$

où,

$$\overline{\delta}_{\alpha,\beta} := \max \left\{ (\alpha + \beta \overline{\kappa}_{\mathrm{a}}) \quad , \quad 1 \right\}. \qquad (3.30)$$

avec $\overline{\kappa}_{\mathrm{a}}$ *défini par la relation* (3.20).

Démonstration. Soit $\lambda > b \ln \overline{\delta}_{\alpha,\beta}$. Alors

$$e^{-\frac{\lambda}{b}} (\alpha + \beta \overline{\kappa}_{\mathrm{a}}) < \frac{1}{\overline{\delta}_{\alpha,\beta}} (\alpha + \beta \overline{\kappa}_{\mathrm{a}}) = \frac{(\alpha + \beta \overline{\kappa}_{\mathrm{a}})}{\max \left\{ (\alpha + \beta \overline{\kappa}_{\mathrm{a}}) \quad , \quad 1 \right\}}.$$

En utilisant la relation : $\max \left\{ |a| \ , \ |b| \right\} \geqslant |a|$, il vient que

$$e^{-\frac{\lambda}{b}} (\alpha + \beta \overline{\kappa}_{\mathrm{a}}) < \frac{(\alpha + \beta \overline{\kappa}_{\mathrm{a}})}{(\alpha + \beta \overline{\kappa}_{\mathrm{a}})} = 1$$

ce qui conduit, en vertu de la relation (3.28), à

$$\left\| K_{\alpha,\beta,\lambda} \right\|_{\mathcal{L}(Y_p)} < 1.$$

Ceci prouve la relation (3.29) et achève la preuve. $\qquad\qquad \square$

Pour traiter le cas b $= \infty$, nous avons besoin de l'hypothèse suivante

$\boxed{(\mathbf{A}_k^2)}$: $\qquad\qquad \exists\, \omega_0 \in (a, \infty) \qquad$ tel que $\qquad \alpha + \beta \overline{\kappa}_{\omega_0} < 2^{\left(\frac{1}{p} - 1\right)}$

où, $\overline{\kappa}_{\omega_0}$ est défini par (3.9)–(avec $\xi = \omega_0$ et b $= \infty$), *i.e.,*

$$\overline{\kappa}_{\omega_0} := \left\{ \begin{array}{ll} \left[\sup_{\mathrm{a} \leqslant v \leqslant \infty} \mathrm{ess} \int_{\omega_0}^{\infty} |k(v,v')|\, v' \mathrm{d}v' \right]^{\left(1 - \frac{1}{p}\right)} \left[\sup_{\omega_0 \leqslant v' \leqslant \infty} \mathrm{ess} \int_{\mathrm{a}}^{\infty} |k(v,v')|\, v^{(1-p)} \mathrm{d}v \right]^{\frac{1}{p}} & \text{si} \quad p > 1 \\[4ex] \sup_{\omega_0 \leqslant v' \leqslant \infty} \mathrm{ess} \int_{\mathrm{a}}^{\infty} |k(v,v')|\, \mathrm{d}v & \text{si} \quad p = 1. \end{array} \right\}$$

Dans ce cas nous avons

Proposition 3.2. (Cas : b $= \infty$). *Supposons que l'hypothèse* $(\mathbf{A}_k^1)$ *soit satisfaite et soient* $\alpha \geqslant 0$ *et* $\beta \geqslant 0$. *Supposons également que* b $= \infty$. *Si l'hypothèse* $(\mathbf{A}_k^2)$ *est satisfaite alors*

$$\left\| K_{\alpha,\beta,\lambda} \right\|_{\mathcal{L}(Y_p)} < 1 \qquad\qquad \text{pour tout} \qquad\qquad \lambda > \omega_{\alpha,\beta} \ln \delta_{\alpha,\beta} \qquad (3.31)$$

où,

$$\omega_{\alpha,\beta} := \inf \left\{ \omega \geqslant 0 \quad : \quad \alpha + \beta \overline{\kappa}_{\omega} < 2^{\left(\frac{1}{p} - 1\right)} \right\} \qquad (3.32)$$

32

et

$$\delta_{\alpha,\beta} := \max\left\{ 2^{\left(1-\frac{1}{p}\right)} (\alpha + \beta \overline{\kappa}_a) \quad , \quad 1 \right\} \tag{3.33}$$

où, $\overline{\kappa}_\omega$ et $\overline{\kappa}_a$ sont définis par (3.9)–(avec $\xi = \omega$ et $b = \infty$) et (3.20)–(avec $b = \infty$) respectivement.

Démonstration. Tout d'abord, en vertu de l'hypothèse $(\mathbf{A}_k^2)$, nous pouvons écrire

$$\omega_0 \in \left\{ \omega \geqslant 0 \quad : \quad \alpha \overline{\kappa}_\omega + \beta < 2^{\left(\frac{1}{p}-1\right)} \right\}$$

ce qui montre l'existence de $\omega_{\alpha,\beta}$.

Soit $\lambda \geqslant 0$ et soit $\omega \in (a, \infty)$. Divisons le reste de la preuve en plusieurs étapes.

Étape 1. Soit $\psi \in Y_p$ $(p \geqslant 1)$. La relation (3.26)–(avec $b = \infty$) permet d'écrire

$$\begin{aligned}
\left\| K_{\alpha,\beta,\lambda} \psi \right\|_{Y_p} &\leqslant e^{-\frac{\lambda}{\omega}} (\alpha + \beta \overline{\kappa}_a) \left[\int_a^\omega |\psi(v)|^p v \, dv \right]^{\frac{1}{p}} \\
&\quad + (\alpha + \beta \overline{\kappa}_\omega) \left[\int_\omega^\infty e^{-p\frac{\lambda}{v}} |\psi(v)|^p v \, dv \right]^{\frac{1}{p}} \\
&\leqslant e^{-\frac{\lambda}{\omega}} (\alpha + \beta \overline{\kappa}_a) \left[\int_a^\omega |\psi(v)|^p v \, dv \right]^{\frac{1}{p}} + (\alpha + \beta \overline{\kappa}_\omega) \left[\int_\omega^\infty |\psi(v)|^p v \, dv \right]^{\frac{1}{p}}
\end{aligned}$$

et par conséquent

$$\begin{aligned}
\left\| K_{\alpha,\beta,\lambda} \psi \right\|_{Y_p} &\leqslant \max\left\{ e^{-\frac{\lambda}{\omega}} (\alpha + \beta \overline{\kappa}_a) \ , \ (\alpha + \beta \overline{\kappa}_\omega) \right\} \\
&\quad \left\{ \left[\int_a^\omega |\psi(v)|^p v \, dv \right]^{\frac{1}{p}} + \left[\int_\omega^\infty |\psi(v)|^p v \, dv \right]^{\frac{1}{p}} \right\}.
\end{aligned} \tag{3.34}$$

Ensuite, en vertu de la concavité de la fonction $x \in (0, \infty) \mapsto x^{\frac{1}{p}}$ $(p \geqslant 1)$, il vient que

$$\begin{aligned}
\frac{1}{2} \left\{ \left[\int_a^\omega |\psi(v)|^p v \, dv \right]^{\frac{1}{p}} + \left[\int_\omega^\infty |\psi(v)|^p v \, dv \right]^{\frac{1}{p}} \right\} \\
\leqslant \left\{ \frac{1}{2} \left[\int_a^\omega |\psi(v)|^p v \, dv + \int_\omega^\infty |\psi(v)|^p v \, dv \right] \right\}^{\frac{1}{p}} \\
= \frac{1}{2^{\frac{1}{p}}} \left[\int_a^\infty |\psi(v)|^p v \, dv \right]^{\frac{1}{p}}
\end{aligned}$$

et par conséquent

$$\left[\int_a^\omega |\psi(v)|^p v \, dv \right]^{\frac{1}{p}} + \left[\int_\omega^\infty |\psi(v)|^p v \, dv \right]^{\frac{1}{p}} \leqslant 2^{\left(1-\frac{1}{p}\right)} \|\psi\|_p. \tag{3.35}$$

Enfin, en combinant les deux relations (3.34) et (3.35), nous en déduisons que

$$\left\| K_{\alpha,\beta,\lambda} \psi \right\|_{Y_p} \leqslant 2^{\left(1-\frac{1}{p}\right)} \max \left\{ e^{-\frac{\lambda}{\omega}} (\alpha + \beta \overline{\kappa}_a) \ , \ (\alpha + \beta \overline{\kappa}_\omega) \right\} \left\| \psi \right\|_p$$

et par conséquent

$$\left\| K_{\alpha,\beta,\lambda} \right\|_{\mathcal{L}(Y_p)} \leqslant 2^{\left(1-\frac{1}{p}\right)} \max \left\{ e^{-\frac{\lambda}{\omega}} (\alpha + \beta \overline{\kappa}_a) \ , \ (\alpha + \beta \overline{\kappa}_\omega) \right\}. \tag{3.36}$$

Étape 2. Soit $\omega > \omega_{\alpha,\beta}$. Pour tout $\lambda > \omega \ln \delta_{\alpha,\beta}$ nous pouvons écrire

$$e^{-\frac{\lambda}{\omega}} (\alpha + \beta \overline{\kappa}_a) < \frac{1}{\delta_{\alpha,\beta}} (\alpha + \beta \overline{\kappa}_a)$$

$$= \frac{(\alpha + \beta \overline{\kappa}_a)}{\max \left\{ 2^{\left(1-\frac{1}{p}\right)} (\alpha + \beta \overline{\kappa}_a) \ , \ 1 \right\}}$$

ce qui implique, en vertu de la relation : $\max \left\{ |a| \ , \ |b| \right\} \geqslant |a|$, que

$$e^{-\frac{\lambda}{\omega}} (\alpha + \beta \overline{\kappa}_a) < \frac{(\alpha + \beta \overline{\kappa}_a)}{2^{\left(1-\frac{1}{p}\right)} (\alpha + \beta \overline{\kappa}_a)}$$

et par conséquent

$$e^{-\frac{\lambda}{\omega}} (\alpha + \beta \overline{\kappa}_a) < 2^{\left(\frac{1}{p}-1\right)}. \tag{3.37}$$

Ensuite, comme $\omega > \omega_{\alpha,\beta}$ alors (3.32) permet d'écrire

$$(\alpha + \beta \overline{\kappa}_\omega) < 2^{\left(\frac{1}{p}-1\right)}$$

que nous reportons avec (3.37) dans la relation (3.36) pour en déduire

$$\left\| K_{\alpha,\beta,\lambda} \right\|_{\mathcal{L}(Y_p)} < 2^{\left(1-\frac{1}{p}\right)} \max \left\{ 2^{\left(\frac{1}{p}-1\right)} \ , \ 2^{\left(\frac{1}{p}-1\right)} \right\} = 1. \tag{3.38}$$

Étape 2. (Conclusion).

Soit $\lambda > \omega_{\alpha,\beta} \ln \delta_{\alpha,\beta}$ et soit ω tel qu'on ait

$$\frac{\lambda}{\ln \delta_{\alpha,\beta}} > \omega > \omega_{\alpha,\beta}.$$

Alors $\lambda > \omega \ln \delta_{\alpha,\beta}$ ce qui conduit à $\left\| K_{\alpha,\beta,\lambda} \right\|_{\mathcal{L}(Y_p)} < 1$ en vertu de la relation (3.38) et achève cette preuve. $\qquad\square$

34

3.2 Le Modèle Sans Mortalité et Sans Prolifération

Dans cette section, nous allons étudier le modèle (3.1)–(3.2) dont il est question dans ce chapitre. Pour se faire, nous définissons l'opérateur non borné suivant

$$A_{\alpha,\beta}\varphi := -v\frac{\partial\varphi}{\partial\mu} \qquad (3.39)$$

sur le domaine

$$D\left(A_{\alpha,\beta}\right) := \left\{\varphi \in \mathrm{W}_p \qquad \text{vérifiant} \qquad (3.7)\right\} \qquad (3.40)$$

où, W_p est défini par la relation (2.4) ou (2.6)–(si b $< \infty$). Il est clair que le domaine $D\left(A_{0,0}\right)$ est bien défini en raison du théorème 2.1 et du corollaire 3.1.

Tout d'abord, nous allons nous intéresser à l'existence de l'opérateur résolvent $(\lambda - A_{\alpha,\beta})^{-1}$ en cherchant à résoudre l'équation suivante

$$(\lambda - A_{\alpha,\beta})\varphi = g \qquad (3.41)$$

avec $g \in \mathrm{L}_p$ $(p \geqslant 1)$, autrement dit,

$$\lambda\varphi = -v\frac{\partial\varphi}{\partial\mu} + g \qquad (3.42)$$

et

$$\gamma_0\varphi = K_{\alpha,\beta}\gamma_1\varphi. \qquad (3.43)$$

Un simple calcul montre que la solution de l'équation (3.42) peut être formulée comme suit

$$\varphi = (\lambda - A_{0,0})^{-1}g + \varepsilon_\lambda\psi \qquad (3.44)$$

où, ψ est une fonction de la variable v et $A_{0,0}$ est défini par (2.10) et

$$\varepsilon_\lambda(\mu, v) := e^{-\lambda\frac{\mu}{v}} \qquad (\mu, v) \in \Omega. \qquad (3.45)$$

Ensuite, pour explorer la condition aux limites, (3.43), un simple calcul montre que l'on a

$$\gamma_0\varphi = \psi$$

et

$$\gamma_1\varphi = \gamma_1(\lambda - A_{0,0})^{-1}g + e^{-\frac{\lambda}{\bullet}}\psi$$

où, les opérateurs de traces γ_0 et γ_1 sont définis par (2.8). Par conséquent

$$\psi = K_{\alpha,\beta,\lambda}\psi + K_{\alpha,\beta}\gamma_1(\lambda - T_{0,0})^{-1}g \qquad (3.46)$$

où, l'opérateur $K_{\alpha,\beta,\lambda}$ est défini par (3.22).

Pour continuer ces calculs, les deux propositions 3.1 et 3.2 suggèrent de séparer les cas b $< \infty$ et b $= \infty$.

3.2.1 Vitesse de maturation finie ($b < \infty$)

Dans cette section nous allons étudier l'opérateur $A_{\alpha,\beta}$ dans le cas ou la vitesse de maturation maximale est finie (*i.e.*, $b < \infty$). Nous commençons par le résultat suivant

Proposition 3.3. (Cas : $b < \infty$). *Supposons que l'hypothèse* $(\mathbf{A}_k^1)$ *soit satisfaite et soient* $\alpha \geqslant 0$ *et* $\beta \geqslant 0$. *Si* $b < \infty$ *alors nous avons*

(1)
$$\left(b \ln \overline{\delta}_{\alpha,\beta} \quad , \quad \infty \right) \subset \rho \left(A_{\alpha,\beta} \right). \tag{3.47}$$

(2) *Pour tout* $\lambda > b \ln \overline{\delta}_{\alpha,\beta}$ *nous avons*

$$\left(\lambda - A_{\alpha,\beta} \right)^{-1} = \left(\lambda - A_{0,0} \right)^{-1} + \varepsilon_\lambda \left(I_{Y_p} - K_{\alpha,\beta,\lambda} \right)^{-1} K_{\alpha,\beta} \gamma_1 \left(\lambda - A_{0,0} \right)^{-1} \tag{3.48}$$

où, $\overline{\delta}_{\alpha,\beta}$, $A_{0,0}$ *et* ε_λ *sont définis respectivement par* (3.30), (2.10) *et* (3.45).

(3) $A_{\alpha,\beta}$ *est un opérateur fermé à domaine dense.*

Démonstration. Supposons que $b < \infty$ et soient $\lambda > b \ln \overline{\delta}_{\alpha,\beta}$ et $g \in L_p$ ($p \geqslant 1$). Nous rappelons que la fonction φ, donnée par la relation (3.44), est solution de l'équation (3.42). Dans la suite nous allons montrer que $\varphi \in D \left(A_{\alpha,\beta} \right)$.

Étape 1. $\left(\varphi \in W_p \ (p \geqslant 1) \text{ où}, W_p \text{ est défini par la relation (2.6)} \right)$.

Tout d'abord, la relation (3.44) conduit à

$$\|\varphi\|_p \leqslant \left\| (\lambda - T_{0,0})^{-1} g \right\|_p + \|\varepsilon_\lambda \psi\|_p. \tag{3.49}$$

Ensuite, si $\psi \in Y_p$ ($p \geqslant 1$) alors

$$\begin{aligned}
\|\varepsilon_\lambda \psi\|_p^p &= \int_a^b \left[\int_0^1 e^{-p\lambda \frac{\mu}{v}} d\mu \right] |\psi(v)|^p \, dv \\
&= \int_a^b \frac{v}{p\lambda} \left[1 - e^{-p\frac{\lambda}{v}} \right] |\psi(v)|^p \, dv \\
&\leqslant \frac{1}{p\lambda} \int_a^b |\psi(v)|^p \, v \, dv
\end{aligned}$$

et par conséquent

$$\|\varepsilon_\lambda \psi\|_p \leqslant \frac{1}{(p\lambda)^{\frac{1}{p}}} \|\psi\|_{Y_p} < \infty. \tag{3.50}$$

En reportant les deux relations (2.12) et (3.50) dans (3.49) nous en déduisons que

$$\|\varphi\|_p \leqslant \frac{1}{\lambda} \|g\|_p + \frac{1}{(p\lambda)^{\frac{1}{p}}} \|\psi\|_{Y_p} < \infty \tag{3.51}$$

ce qui implique, en vertu de la relation (3.42), que

$$\left\| v \frac{\partial \varphi}{\partial \mu} \right\|_p = \| -\lambda\varphi + g \|_p \leqslant \lambda \|\varphi\|_p + \|g\|_p < \infty. \tag{3.52}$$

Maintenant, les deux relations (3.51) et (3.52) conduisent à $\varphi \in W_p$ $(p \geqslant 1)$.

Étape 2. (φ vérifie (3.43)).

La solution φ vérifie la condition aux limites (3.43) si et seulement si ψ est solution de l'équation (3.46). Mais, en raison de la relation (3.29), nous avons

$$\psi = (I_{Y_p} - K_{\alpha,\beta,\lambda})^{-1} K_{\alpha,\beta} \gamma_1 (\lambda - T_{0,0})^{-1} g \in Y_p \tag{3.53}$$

que nous reportons dans (3.44) pour déduire la relation (3.48).

Étape 3. $((\lambda - A_{\alpha,\beta})^{-1}$ est borné).

En utilisant la relation (3.53) nous pouvons écrire

$$\|\psi\|_{Y_p} \leqslant \left\| (I_{Y_p} - K_{\alpha,\beta,\lambda})^{-1} \right\|_{\mathcal{L}(Y_p)} \left\| K_{\alpha,\beta} \right\|_{\mathcal{L}(Y_p)} \left\| \gamma_1 (\lambda - T_{0,0})^{-1} g \right\|_p$$

ce qui implique, en vertu des relations (3.29), (3.21) et (2.17), que

$$\|\psi\|_{Y_p} \leqslant \left(\frac{C_\lambda \left(\alpha + \beta \overline{\kappa}_{\mathrm{a}} \right)}{1 - \left\| K_{\alpha,\beta,\lambda} \right\|_{\mathcal{L}(Y_p)}} \right) \|g\|_p .$$

Enfin, en reportant cette dernière relation dans (3.51) nous en déduisons que

$$\left\| (\lambda - A_{\alpha,\beta})^{-1} g \right\|_p = \|\varphi\|_p \leqslant \left(\frac{1}{\lambda} + \frac{1}{(p\lambda)^{\frac{1}{p}}} \frac{C_\lambda \left(\alpha + \beta \overline{\kappa}_{\mathrm{a}} \right)}{1 - \left\| K_{\alpha,\beta,\lambda} \right\|_{\mathcal{L}(Y_p)}} \right) \|g\|_p$$

ce qui montre que l'opérateur linéaire $(\lambda - A_{\alpha,\beta})^{-1}$ est borné de L_p $(p \geqslant 1)$ dans lui même pour tout $\lambda > \mathrm{b} \ln \overline{\delta}_{\alpha,\beta}$. La relation (3.47) est donc prouvée.

Étape 4. ($A_{\alpha,\beta}$ est fermé à domaine dense).

Tout d'abord, comme $C_c^\infty(\Omega) \subset D \left(A_{\alpha,\beta} \right) \subset L_p$ $(p \geqslant 1)$ alors l'opérateur $A_{\alpha,\beta}$ est à domaine dense dans L_p $(p \geqslant 1)$ ($C_c^\infty(\Omega)$ désigne l'ensemble des fonctions indéfiniment dérivables à support compact dans Ω).

Ensuite, si $\lambda > \mathrm{b} \ln \overline{\delta}_{\alpha,\beta}$ alors (3.47) permet d'écrire

$$A_{\alpha,\beta} = (\lambda - A_{\alpha,\beta}) \left(\lambda(\lambda - A_{\alpha,\beta})^{-1} - I_{L_p} \right)$$

ce qui prouve que $A_{0,0}$ est un opérateur fermé. $\qquad\square$

Le résultat principal de cette section peut être énoncer comme suit

Théorème 3.1. (Cas : $\mathrm{b} < \infty$). *Supposons que l'hypothèse* $(\mathbf{A}_k^1)$ *soit satisfaite et soient* $\alpha \geqslant 0$ *et* $\beta \geqslant 0$. *Si* $\mathrm{b} < \infty$ *alors* $A_{\alpha,\beta}$ *engendre, sur* L_p $(p \geqslant 1)$, *un semi-groupe fortement continu,* $\mathbb{A}_{\alpha,\beta} = (\mathbb{A}_{\alpha,\beta}(t))_{t \geqslant 0}$ *vérifiant*

$$\left\| \mathbb{A}_{\alpha,\beta}(t)\varphi \right\|_p \leqslant \overline{\delta}_{\alpha,\beta} e^{\left(\mathrm{b} \ln \overline{\delta}_{\alpha,\beta} \right)t} \|\varphi\|_p \qquad t \geqslant 0 \tag{3.54}$$

pour toute densité cellulaire initiale $\varphi \in L_p$ $(p \geqslant 1)$ *où* $\overline{\delta}_{\alpha,\beta}$ *est défini par* (3.30).

Démonstration. Nous divisons la preuve en plusieurs étapes.

Étape 1. (Cas : $(\alpha + \beta \overline{\kappa}_{\mathrm{a}}) \leqslant 1$).

Supposons que $(\alpha + \beta \overline{\kappa}_{\mathrm{a}}) \leqslant 1$. Dans ce cas la relation (3.30) conduit à $\overline{\delta}_{\alpha,\beta} = 1$ ce qui implique, en vertu de la relation (3.47), que

$$(0\,,\,\infty) \subset \rho\left(A_{\alpha,\beta}\right). \tag{3.55}$$

Ensuite, pour toute densité cellulaire initiale $\varphi \in D\left(A_{\alpha,\beta}\right)$ nous pouvons écrire

$$
\begin{aligned}
\left\langle p(\mathrm{sgn}\,\varphi)\,|\varphi|^{(p-1)}\,,\,A_{\alpha,\beta}\varphi\right\rangle &= \int_{\Omega} \left(p(\mathrm{sgn}\,\varphi)\,|\varphi|^{(p-1)}(\mu,v)\right)\left(-v\frac{\partial\varphi}{\partial\mu}(\mu,v)\right)\mathrm{d}\mu\mathrm{d}v \\
&= -p\int_{\Omega} v\frac{\partial |\varphi|^p}{\partial\mu}(\mu,v)\mathrm{d}\mu\mathrm{d}v \\
&= -p\int_{\mathrm{a}}^{\mathrm{b}}\left[\int_0^1 \frac{\partial |\varphi|^p}{\partial\mu}(\mu,v)\mathrm{d}\mu\right]v\mathrm{d}v \\
&= p\left[\int_{\mathrm{a}}^{\mathrm{b}} |\varphi(0,v)|^p\,v\mathrm{d}v - \int_{\mathrm{a}}^{\mathrm{b}} |\varphi(1,v)|^p\,v\mathrm{d}v\right]
\end{aligned}
$$

que l'on peut mettre sous la forme

$$\left\langle p(\mathrm{sgn}\,\varphi)\,|\varphi|^{(p-1)}\,,\,A_{\alpha,\beta}\varphi\right\rangle = p\left[\|\gamma_{\!0}\varphi\|_{\mathrm{Y}_p}^p - \|\gamma_{\!1}\varphi\|_{\mathrm{Y}_p}^p\right].$$

En utilisant la condition aux limites (3.43) et la relation (3.21), il vient que

$$
\begin{aligned}
\left\langle p(\mathrm{sgn}\,\varphi)\,|\varphi|^{(p-1)}\,,\,A_{\alpha,\beta}\varphi\right\rangle &= p\left[\|K_{\alpha,\beta}\gamma_{\!1}\varphi\|_{\mathrm{Y}_p}^p - \|\gamma_{\!1}\varphi\|_{\mathrm{Y}_p}^p\right] \\
&\leqslant p\left(\alpha + \beta\overline{\kappa}_{\mathrm{a}} - 1\right)\|\gamma_{\!1}\varphi\|_{\mathrm{Y}_p}^p \\
&\leqslant 0
\end{aligned}
$$

et par conséquent l'opérateur $A_{\alpha,\beta}$ est dissipatif. De plus, il est fermé à domaine dense (voir proposition 3.3(3)) vérifiant (3.55). Maintenant, le théorème 1.2 permet de conclure

Si $(\alpha + \beta\overline{\kappa}_{\mathrm{a}}) \leqslant 1$ alors l'opérateur $A_{\alpha,\beta}$ engendre, sur L_p $(p \geqslant 1)$, un semi-groupe fortement continu, $\mathbb{A}_{\alpha,\beta} = (\mathbb{A}_{\alpha,\beta}(t))_{t \geqslant 0}$, de contractions, i.e.,

$$\left\|\mathbb{A}_{\alpha,\beta}(t)\varphi\right\|_p \leqslant \|\varphi\|_p \qquad t \geqslant 0 \tag{3.56}$$

pour toute densité cellulaire initiale $\varphi \in \mathrm{L}_p$ $(p \geqslant 1)$. De plus

$$\left\|\left(\lambda - A_{\alpha,\beta}\right)^{-1}\varphi\right\|_p \leqslant \frac{1}{\lambda}\|\varphi\|_p \qquad \lambda > 0.$$

Étape 2. (Étape auxiliaire).

Supposons que $(\alpha + \beta\overline{\kappa}_{\mathrm{a}}) > 1$ et soit $\theta > (\alpha + \beta\overline{\kappa}_{\mathrm{a}})$. La relation (3.3) permet d'écrire

$$
\begin{aligned}
K_{\frac{\alpha}{\theta},\frac{\beta}{\theta}}\psi(v) &= \frac{\alpha}{\theta}\psi(v) + \frac{\beta}{\theta v}\int_a^b k(v,v')\psi(v')v'\mathrm{d}v' \\
&= \frac{1}{\theta}\left(\alpha\psi(v) + \frac{\beta}{v}\int_a^b k(v,v')\psi(v')v'\mathrm{d}v'\right) \\
&= \frac{1}{\theta}K_{\alpha,\beta}\psi(v)
\end{aligned}
$$

pour tout $\psi \in \mathrm{Y}_p$ $(p \geqslant 1)$ ce qui implique, d'une part,

$$
K_{\frac{\alpha}{\theta},\frac{\beta}{\theta}} = \tfrac{1}{\theta}K_{\alpha,\beta} \tag{3.57}
$$

et d'autre part,

$$
\left(\frac{\alpha}{\theta} + \frac{\beta}{\theta}\overline{\kappa}_{\mathrm{a}}\right) = \frac{1}{\theta}(\alpha + \beta\overline{\kappa}_{\mathrm{a}}) < 1. \tag{3.58}
$$

Maintenant, la conclusion de l'étape 1 permet de déduire que

Supposons que $(\alpha + \beta\overline{\kappa}_{\mathrm{a}}) > 1$. Si $\theta > (\alpha + \beta\overline{\kappa}_{\mathrm{a}})$ alors l'opérateur $A_{\frac{\alpha}{\theta},\frac{\beta}{\theta}}$ engendre, sur L_p $(p \geqslant 1)$, un semi-groupe fortement continu de contractions. De plus

$$
\left\|\left(\lambda - A_{\frac{\alpha}{\theta},\frac{\beta}{\theta}}\right)^{-1}\varphi\right\|_p \leqslant \frac{1}{\lambda}\|\varphi\|_p \qquad \lambda > 0 \tag{3.59}
$$

pour toute densité cellulaire initiale $\varphi \in \mathrm{L}_p$ $(p \geqslant 1)$.

Étape 3. (Étape auxiliaire).

Soit $\theta > 1$ et soient N_θ et H_θ les opérateurs linéaires suivants

$$
N_\theta\varphi(\mu,v) := \theta^\mu\varphi(\mu,v) \qquad\qquad (\mu,v) \in \Omega \tag{3.60}
$$

et

$$
H_\theta\varphi(\mu,v) := (v\ln\theta)\varphi(\mu,v) \qquad\qquad (\mu,v) \in \Omega. \tag{3.61}
$$

Tout d'abord, un simple calcul montre que l'on a

$$
\|\varphi\|_p \leqslant \|N_\theta\varphi\|_p \leqslant \theta\|\varphi\|_p \tag{3.62}
$$

et

$$
\frac{1}{\theta}\|\varphi\|_p \leqslant \left\|N_\theta^{-1}\varphi\right\|_p \leqslant \|\varphi\|_p \tag{3.63}
$$

et

$$
(\mathrm{a}\ln\theta)\|\varphi\|_p \leqslant \|H_\theta\varphi\|_p \leqslant (\mathrm{b}\ln\theta)\|\varphi\|_p \tag{3.64}
$$

pour tout $\varphi \in \mathrm{L}_p$ $(p \geqslant 1)$ ce qui prouve que les opérateurs linéaires N_θ, son inverse N_θ^{-1} et H_θ sont bornés de L_p $(p \geqslant 1)$ dans lui même.

Ensuite, si $\varphi \in W_p$ $(p \geqslant 1)$ (W_p est défini par (2.6)) alors

$$v\frac{\partial(N_\theta\varphi)}{\partial\mu} = N_\theta\left(v\frac{\partial\varphi}{\partial\mu}\right) + N_\theta H_\theta\varphi \qquad (3.65)$$

et

$$v\frac{\partial(N_\theta^{-1}\varphi)}{\partial\mu} = N_\theta^{-1}\left(v\frac{\partial\varphi}{\partial\mu}\right) - N_\theta^{-1}H_\theta\varphi$$

ce qui implique, en vertu des relations (3.62), (3.63) et (3.64), que

$$\left\|v\frac{\partial(N_\theta\varphi)}{\partial\mu}\right\|_p \leqslant \theta\left\|v\frac{\partial\varphi}{\partial\mu}\right\|_p + b\theta\ln\theta\|\varphi\|_p$$

et

$$\left\|v\frac{\partial(N_\theta^{-1}\varphi)}{\partial\mu}\right\|_p \leqslant \left\|v\frac{\partial\varphi}{\partial\mu}\right\|_p + b\ln\theta\|\varphi\|_p.$$

Par conséquent

$$\|N_\theta\varphi\|_{W_p} \leqslant \theta\left(1 + b\ln\theta\right)\|\varphi\|_{W_p} < \infty$$

et

$$\left\|N_\theta^{-1}\varphi\right\|_{W_p} \leqslant \left(1 + b\ln\theta\right)\|\varphi\|_{W_p} < \infty$$

ce qui permet de conclure que

$$N_\theta\left(W_p\right) = W_p \qquad \text{et} \qquad N_\theta^{-1}\left(W_p\right) = W_p. \qquad (3.66)$$

Étape 4. (Étape auxiliaire).

Soit $\theta > 1$. Si $\varphi \in D\left(A_{\alpha,\beta}\right)$ alors, d'une part, $N_\theta\varphi \in W_p$ en vertu de la relation (3.66). D'autre part, la relation (3.57) permet d'écrire

$$\begin{aligned}
\gamma_0\left(N_\theta\varphi\right) - K_{\frac{\alpha}{\theta},\frac{\beta}{\theta}}\gamma_1\left(N_\theta\varphi\right) &= \gamma_0\varphi - \theta K_{\frac{\alpha}{\theta},\frac{\beta}{\theta}}\gamma_1\varphi \\
&= \gamma_0\varphi - K_{\alpha,\beta}\gamma_1\varphi \\
&= 0
\end{aligned}$$

ce qui implique que $N_\theta\varphi \in D\left(A_{\frac{\alpha}{\theta},\frac{\beta}{\theta}}\right)$ et par conséquent

$$N_\theta\left(D\left(A_{\alpha,\beta}\right)\right) \subset D\left(A_{\frac{\alpha}{\theta},\frac{\beta}{\theta}}\right). \qquad (3.67)$$

Inversement, si $\varphi \in D\left(A_{\frac{\alpha}{\theta},\frac{\beta}{\theta}}\right)$ alors, d'une part, $N_\theta^{-1}\varphi \in W_p$ en vertu de la relation (3.66). D'autre part, la relation (3.57) permet d'écrire

$$\begin{aligned}
\gamma_0\left(N_\theta^{-1}\varphi\right) - K_{\alpha,\beta}\gamma_1\left(N_\theta^{-1}\varphi\right) &= \gamma_0\varphi - \frac{1}{\theta}K_{\alpha,\beta}\gamma_1\varphi \\
&= \gamma_0\varphi - K_{\frac{\alpha}{\theta},\frac{\beta}{\theta}}\gamma_1\varphi \\
&= 0
\end{aligned}$$

ce qui implique que $N_\theta^{-1}\psi \in D\left(A_{\alpha,\beta}\right)$ et par conséquent

$$D\left(A_{\frac{\alpha}{\theta},\frac{\beta}{\theta}}\right) \subset N_\theta\left(D\left(A_{\alpha,\beta}\right)\right). \tag{3.68}$$

Maintenant, les deux relations (3.67) et (3.68) conduisent à

$$N_\theta\left(D\left(A_{\alpha,\beta}\right)\right) = D\left(A_{\frac{\alpha}{\theta},\frac{\beta}{\theta}}\right). \tag{3.69}$$

Enfin, si $\varphi \in D\left(A_{\alpha,\beta}\right)$ alors, d'une part, $N_\theta\varphi \in D\left(A_{\frac{\alpha}{\theta},\frac{\beta}{\theta}}\right)$ en vertu de la relation (3.69). D'autre par, la relation (3.65) permet d'écrire

$$\begin{aligned}
N_\theta^{-1}\left(A_{\frac{\alpha}{\theta},\frac{\beta}{\theta}} + H_\theta\right)N_\theta\varphi &= N_\theta^{-1}A_{\frac{\alpha}{\theta},\frac{\beta}{\theta}}N_\theta\varphi + N_\theta^{-1}H_\theta N_\theta\varphi \\
&= N_\theta^{-1}\left(-N_\theta\left(v\frac{\partial\varphi}{\partial\mu}\right) - N_\theta H_\theta\varphi\right) + N_\theta^{-1}N_\theta H_\theta\varphi \\
&= -v\frac{\partial\varphi}{\partial\mu} - H_\theta\varphi + H_\theta\varphi \\
&= -v\frac{\partial\varphi}{\partial\mu}
\end{aligned}$$

et par conséquent

$$A_{\alpha,\beta} = N_\theta^{-1}\left(A_{\frac{\alpha}{\theta},\frac{\beta}{\theta}} + H_\theta\right)N_\theta. \tag{3.70}$$

Étape 5. (Cas : $(\alpha + \beta\overline{\kappa}_a) > 1$)

Supposons que $(\alpha + \beta\overline{\kappa}_a) > 1$ et soit $\theta > (\alpha + \beta\overline{\kappa}_a)$. Dans ce cas la relation (3.30) conduit à $\overline{\delta}_{\alpha,\beta} = (\alpha + \beta\overline{\kappa}_a)$ ce qui implique, en vertu de la relation (3.47), que

$$\left(b\ln\theta,\,\infty\right) \subset \rho\left(A_{\alpha,\beta}\right). \tag{3.71}$$

Soit $\lambda > b\ln\theta$. La relation (3.70) permet d'écrire

$$\begin{aligned}
\left(\lambda - A_{\alpha,\beta}\right)N_\theta^{-1} &= \left(\lambda - N_\theta^{-1}\left(A_{\frac{\alpha}{\theta},\frac{\beta}{\theta}} + H_\theta\right)N_\theta\right)N_\theta^{-1} \\
&= \lambda N_\theta^{-1} - N_\theta^{-1}\left(A_{\frac{\alpha}{\theta},\frac{\beta}{\theta}} + H_\theta\right) \\
&= N_\theta^{-1}\left(\left(\lambda - A_{\frac{\alpha}{\theta},\frac{\beta}{\theta}}\right) - H_\theta\right)
\end{aligned}$$

ou encore, en vertu de la relation (3.59),

$$\left(\lambda - A_{\alpha,\beta}\right)N_\theta^{-1} = N_\theta^{-1}\left(\lambda - A_{\frac{\alpha}{\theta},\frac{\beta}{\theta}}\right)\left(I - \left(\lambda - A_{\frac{\alpha}{\theta},\frac{\beta}{\theta}}\right)^{-1}H_\theta\right).$$

Comme

$$\left\|\left(\lambda - A_{\frac{\alpha}{\theta},\frac{\beta}{\theta}}\right)^{-1}H_\theta\right\|_{\mathcal{L}(L_p)} \leqslant \frac{1}{\lambda}b\ln\theta < 1$$

alors l'opérateur linéaire $\left(I - \left(\lambda - A_{\frac{\alpha}{\theta},\frac{\beta}{\theta}}\right)^{-1} H_\theta\right)$ est inversible de L_p $(p \geqslant 1)$ dans lui même et par conséquent

$$N_\theta \left(\lambda - A_{\alpha,\beta}\right)^{-1} = \left(I - \left(\lambda - A_{\frac{\alpha}{\theta},\frac{\beta}{\theta}}\right)^{-1} H_\theta\right)^{-1} \left(\lambda - A_{\frac{\alpha}{\theta},\frac{\beta}{\theta}}\right)^{-1} N_\theta.$$

Ainsi, pour toute densité cellulaire initiale $\varphi \in L_p$ $(p \geqslant 1)$, nous pouvons écrire

$$\left\| N_\theta \left(\lambda - A_{\alpha,\beta}\right)^{-1} \varphi \right\|_p = \left\| \left(I - \left(\lambda - A_{\frac{\alpha}{\theta},\frac{\beta}{\theta}}\right)^{-1} H_\theta\right)^{-1} \left(\lambda - A_{\frac{\alpha}{\theta},\frac{\beta}{\theta}}\right)^{-1} N_\theta \varphi \right\|_p$$

$$\leqslant \frac{1}{1 - \frac{1}{\lambda}\mathrm{b}\ln\theta} \frac{1}{\lambda} \|N_\theta\varphi\|_p$$

$$= \frac{1}{\lambda - \mathrm{b}\ln\theta} \|N_\theta\varphi\|_p$$

ce qui implique, en utilisant la recurrence, que

$$\left\| N_\theta \left(\lambda - A_{\alpha,\beta}\right)^{-n} \varphi \right\|_p \leqslant \frac{1}{(\lambda - \mathrm{b}\ln\theta)^n} \|N_\theta\varphi\|_p \qquad n = 1,2,3,\cdots$$

et par conséquent

$$\left\| \left(\lambda - A_{\alpha,\beta}\right)^{-n} \varphi \right\|_p \leqslant \frac{\theta}{(\lambda - \mathrm{b}\ln\theta)^n} \|\varphi\|_p \qquad n = 1,2,3,\cdots \tag{3.72}$$

en vertu de la relation (3.62).

Maintenant, l'opérateur $A_{\alpha,\beta}$ est fermé à domaine dense (voir proposition 3.3(3)) vérifiant les deux relations (3.71) et (3.72) requises par le théorème 1.1. Nous en déduisons que $A_{\alpha,\beta}$ engendre, sur L_p $(p \geqslant 1)$, un semi-groupe fortement continu $\mathbb{A}_{\alpha,\beta} = (\mathbb{A}_{\alpha,\beta}(t))_{t\geqslant 0}$ vérifiant

$$\left\| \mathbb{A}_{\alpha,\beta}(t)\varphi \right\|_p \leqslant \theta e^{(\mathrm{b}\ln\theta)t} \|\varphi\|_p \qquad t \geqslant 0 \tag{3.73}$$

pour toute densité cellulaire initiale $\varphi \in L_p$ $(p \geqslant 1)$.

Comme θ $(\theta > (\alpha + \beta\overline{\kappa}_{\mathrm{a}}))$ est arbitraire, alors en passant à la limite $(\theta \to (\alpha + \beta\overline{\kappa}_{\mathrm{a}}))$ dans la relation (3.73) nous concluons que

Si $(\alpha + \beta\overline{\kappa}_{\mathrm{a}}) > 1$ alors l'opérateur $A_{\alpha,\beta}$ engendre, sur L_p $(p \geqslant 1)$, un semi-groupe fortement continu, $\mathbb{A}_{\alpha,\beta} = (\mathbb{A}_{\alpha,\beta}(t))_{t\geqslant 0}$, vérifiant

$$\left\| \mathbb{A}_{\alpha,\beta}(t)\varphi \right\|_p \leqslant (\alpha + \beta\overline{\kappa}_{\mathrm{a}}) e^{(\mathrm{b}\ln(\alpha+\beta\overline{\kappa}_{\mathrm{a}}))t} \|\varphi\|_p \qquad t \geqslant 0 \tag{3.74}$$

pour toute densité cellulaire initiale $\varphi \in L_p$ $(p \geqslant 1)$.

Étape 6. (Conclusion)

En utilisant les conclusions des deux étapes 1 et 6, nous en déduisons que l'opérateur $A_{\alpha,\beta}$ engendre, sur L_p $(p \geqslant 1)$, un semi-groupe fortement continu, $\mathbb{A}_{\alpha,\beta} = (\mathbb{A}_{\alpha,\beta}(t))_{t\geqslant 0}$. Par ailleurs, la relation (3.54) s'obtient facilement en combinant les deux relations (3.56)–(pour le cas $(\alpha + \beta\overline{\kappa}_{\mathrm{a}}) \leqslant 1$) et (3.74)–(pour le cas $(\alpha + \beta\overline{\kappa}_{\mathrm{a}}) > 1$) avec la relation (3.30). $\square$

Nous finissons cette section par les corollaires suivants

Corollaire 3.3. *Supposons que l'hypothèse* $(\mathbf{A}_k^1)$ *soit satisfaite et soient* $\alpha \geqslant 0$ *et* $\beta \geqslant 0$ *tels qu'on ait*

$$(\alpha + \beta \overline{\kappa}_{\mathrm{a}}) < 1. \tag{3.75}$$

Si $\mathrm{b} < \infty$ *alors l'opérateur* $A_{\alpha,\beta}$ *engendre, sur* L_p $(p \geqslant 1)$, *un semi-groupe fortement continu,* $\mathbb{A}_{\alpha,\beta} = (\mathbb{A}_{\alpha,\beta}(t))_{t \geqslant 0}$ *de contractions, i.e.,*

$$\left\| \mathbb{A}_{\alpha,\beta}(t)\varphi \right\|_p \leqslant \|\varphi\|_p \qquad t \geqslant 0$$

pour toute densité cellulaire initiale $\varphi \in \mathrm{L}_p$ $(p \geqslant 1)$.

Démonstration. En combinant les deux relations (3.75) et (3.30) nous obtenons $\overline{\delta}_{\alpha,\beta} = 1$. Maintenant, il suffit d'appliquer le théorème (3.1). $\qquad\square$

Corollaire 3.4. *Soit* $0 \leqslant \alpha < 1$. *Si* $\mathrm{b} < \infty$ *alors l'opérateur* $A_{\alpha,0}$ *engendre, sur* L_p $(p \geqslant 1)$, *un semi-groupe fortement continu,* $\mathbb{A}_{\alpha,0} = (\mathbb{A}_{\alpha,0}(t))_{t \geqslant 0}$ *de contractions, i.e.,*

$$\left\| \mathbb{A}_{\alpha,0}(t)\varphi \right\|_p \leqslant \|\varphi\|_p \qquad t \geqslant 0$$

pour toute densité cellulaire initiale $\varphi \in \mathrm{L}_p$ $(p \geqslant 1)$.

Démonstration. Il suffit d'appliquer le corollaire 3.3 avec $0 \leqslant \alpha < 1$ et $\beta = 0$. $\qquad\square$

Corollaire 3.5. *Supposons que l'hypothèse* $(\mathbf{A}_k^1)$ *soit satisfaite et soit* $\beta \geqslant 0$ *tel que* $\beta \overline{\kappa}_{\mathrm{a}} < 1$. *Si* $\mathrm{b} < \infty$ *alors l'opérateur* $A_{0,\beta}$ *engendre, sur* L_p $(p \geqslant 1)$, *un semi-groupe fortement continu,* $\mathbb{A}_{0,\beta} = (\mathbb{A}_{0,\beta}(t))_{t \geqslant 0}$ *de contractions, i.e.,*

$$\left\| \mathbb{A}_{0,\beta}(t)\varphi \right\|_p \leqslant \|\varphi\|_p \qquad t \geqslant 0$$

pour toute densité cellulaire initiale $\varphi \in \mathrm{L}_p$ $(p \geqslant 1)$.

Démonstration. Il suffit d'appliquer le corollaire 3.3 avec $\alpha = 0$ et $\beta \geqslant 0$ tel que $\beta \overline{\kappa}_{\mathrm{a}} < 1$. $\quad\square$

3.2.2 Vitesse de maturation infinie ($\mathrm{b} = \infty$)

Dans cette section nous allons étudier l'opérateur $A_{\alpha,\beta}$ dans le cas ou la vitesse de maturation maximale est infinie (*i.e.*, $\mathrm{b} = \infty$). Nous commençons par le résultat suivant

Proposition 3.4. (Cas : $\mathrm{b} = \infty$). *Supposons que l'hypothèse* $(\mathbf{A}_k^1)$ *soit satisfaite et soient* $\alpha \geqslant 0$ *et* $\beta \geqslant 0$. *Supposons également que* $\mathrm{b} = \infty$. *Si l'hypothèse* $(\mathbf{A}_k^2)$ *est satisfaite alors*

(1)
$$\left(\omega_{\alpha,\beta} \ln \delta_{\alpha,\beta} \quad , \quad \infty \right) \subset \rho\left(A_{\alpha,\beta} \right). \tag{3.76}$$

(2) *Pour tout* $\lambda > \omega_{\alpha,\beta} \ln \delta_{\alpha,\beta}$ *nous avons*

$$(\lambda - A_{\alpha,\beta})^{-1} = \left(\lambda - A_{0,0} \right)^{-1} + \varepsilon_\lambda \left(I_{Y_p} - K_{\alpha,\beta,\lambda} \right)^{-1} K_{\alpha,\beta} \gamma_1 \left(\lambda - A_{0,0} \right)^{-1} \tag{3.77}$$

où, $\omega_{\alpha,\beta}$, $\delta_{\alpha,\beta}$, $A_{0,0}$ *et* ε_λ *sont définis par (3.32), (3.33), (2.10) et (3.45) respectivement.*

(3) $A_{\alpha,\beta}$ *est un opérateur fermé à domaine dense.*

Démonstration. Supposons que b $= \infty$ et soient $\lambda > \omega_{\alpha,\beta} \ln \delta_{\alpha,\beta}$ et $g \in L_p$ $(p \geqslant 1)$. Nous rappelons que la fonction φ, donnée par la relation (3.44), est solution de l'équation (3.42). Dans la suite nous allons montrer que $\varphi \in D\left(A_{\alpha,\beta}\right)$.

Étape 1. $\left(\varphi \in W_p \ (p \geqslant 1) \text{ où } W_p \text{ est défini par la relation (2.4)}\right)$.

En utilisant la relation (3.44), nous pouvons écrire

$$\|\varphi\|_p \leqslant \left\|(\lambda - T_{0,0})^{-1} g\right\|_p + \|\varepsilon_\lambda \psi\|_p \tag{3.78}$$

et

$$\left\|v^{\frac{1}{p}} \varphi\right\|_p \leqslant \left\|v^{\frac{1}{p}} (\lambda - T_{0,0})^{-1} g\right\|_p + \left\|v^{\frac{1}{p}} \varepsilon_\lambda \psi\right\|_p. \tag{3.79}$$

Tout d'abord, si $\psi \in Y_p$ $(p \geqslant 1)$ alors

$$\|\varepsilon_\lambda \psi\|_p^p = \int_a^\infty \left[\int_0^1 e^{-p\lambda \frac{\mu}{v}} \mathrm{d}\mu\right] |\psi(v)|^p \, \mathrm{d}v$$

$$= \int_a^\infty \frac{v}{p\lambda} \left[1 - e^{-p\frac{\lambda}{v}}\right] |\psi(v)|^p \, \mathrm{d}v$$

$$\leqslant \frac{1}{p\lambda} \int_a^\infty |\psi(v)|^p \, v \mathrm{d}v$$

et par conséquent

$$\|\varepsilon_\lambda \psi\|_p \leqslant \frac{1}{(p\lambda)^{\frac{1}{p}}} \|\psi\|_{Y_p} < \infty. \tag{3.80}$$

En reportant les deux relations (3.80) et (2.12) dans (3.78), nous en déduisons que

$$\|\varphi\|_p \leqslant \frac{1}{\lambda} \|g\|_p + \frac{1}{(p\lambda)^{\frac{1}{p}}} \|\psi\|_{Y_p} < \infty \tag{3.81}$$

ce qui conduit, en vertu de la relation (3.42), que

$$\left\|v \frac{\partial \varphi}{\partial \mu}\right\|_p = \|-\lambda \varphi + g\|_p \leqslant \lambda \|\varphi\|_p + \|g\|_p < \infty. \tag{3.82}$$

Ensuite

$$\left\|v^{\frac{1}{p}} \varepsilon_\lambda \psi\right\|_p = \left[\int_0^\infty v \left[\int_0^1 e^{-p\lambda \frac{\mu}{v}} \mathrm{d}\mu\right] |\psi(v)|^p \, \mathrm{d}v\right]^{\frac{1}{p}}$$

$$\leqslant \left[\int_0^\infty |\psi(v)|^p \, v \mathrm{d}v\right]^{\frac{1}{p}}$$

et par conséquent

$$\left\|v^{\frac{1}{p}} \varepsilon_\lambda \psi\right\|_p \leqslant \|\psi\|_{Y_p} < \infty. \tag{3.83}$$

En reportant les deux relations (3.83) et (2.16) dans (3.79), nous obtenons

$$\left\|v^{\frac{1}{p}} \varphi\right\|_p \leqslant C_\lambda \|g\|_p + \|\psi\|_{Y_p} \tag{3.84}$$

44

Maintenant, les trois relations (3.81), (3.82) et (3.84) conduisent à $\varphi \in W_p$ ($p \geqslant 1$).

Étape 2. (φ vérifie (3.43)).

Il suffit d'utiliser la relation (3.31) et de raisonner de la même manière qu'à l'étape 2 de la preuve de la proposition 3.3, ce qui prouve (3.77).

Étape 3. ($(\lambda - A_{\alpha,\beta})^{-1}$ est borné).

En utilisant la relation (3.31) et en raisonnant de la même manière qu'à l'étape 2 de la preuve de la proposition 3.3, nous déduisons que

$$\left\| (\lambda - A_{\alpha,\beta})^{-1} g \right\|_p = \|\varphi\|_p \leqslant \left(\frac{1}{\lambda} + \frac{1}{(p\lambda)^{\frac{1}{p}}} \frac{C_\lambda (\alpha + \beta \overline{\kappa}_a)}{1 - \left\| K_{\alpha,\beta,\lambda} \right\|_{\mathcal{L}(Y_p)}} \right) \|g\|_p$$

ce qui montre que l'opérateur linéaire $(\lambda - A_{\alpha,\beta})^{-1}$ est borné de L_p ($p \geqslant 1$) dans lui même pour tout $\lambda > \omega_{\alpha,\beta} \ln \delta_{\alpha,\beta}$. La relation (3.76) est donc prouvée.

Étape 4. ($(\lambda - A_{\alpha,\beta})^{-1}$ est borné).

Il suffit de raisonner de la même manière qu'à l'étape 4 de la preuve de la proposition 3.3. $\quad\square$

Le résultat principal de cette section peut être énoncer comme suit

Théorème 3.2. (Cas : b $= \infty$) *Supposons que l'hypothèse* $(\mathbf{A}_k^1)$ *soit satisfaite et soient* $\alpha \geqslant 0$ *et* $\beta \geqslant 0$. *Supposons également que* b $= \infty$. *Si l'hypothèse* $(\mathbf{A}_k^2)$ *est satisfaite alors* $A_{\alpha,\beta}$ *engendre, sur* L_p ($p \geqslant 1$), *un semi-groupe fortement continu,* $\mathbb{A}_{\alpha,\beta} = (\mathbb{A}_{\alpha,\beta}(t))_{t \geqslant 0}$ *vérifiant*

$$\left\| \mathbb{A}_{\alpha,\beta}(t)\varphi \right\|_p \leqslant \delta_{\alpha,\beta} e^{(\omega_{\alpha,\beta} \ln \delta_{\alpha,\beta})t} \|\varphi\|_p \qquad t \geqslant 0 \qquad (3.85)$$

pour toute densité cellulaire initiale $\varphi \in L_p$ ($p \geqslant 1$) *où,* $\omega_{\alpha,\beta}$ *et* $\delta_{\alpha,\beta}$ *sont respectivement définis par* (3.32) *et* (3.33).

Démonstration. Supposons que b $= \infty$ et soient $\lambda > \omega_{\alpha,\beta} \ln \delta_{\alpha,\beta}$ et $g \in L_p$ ($p \geqslant 1$). En utilisant la proposition 3.4, nous en déduisons que

$$\varphi = (\lambda - A_{\alpha,\beta})^{-1} g \qquad (3.86)$$

est l'unique solution de l'équation (3.42) vérifiant la condition aux limites (3.43).

Soit $\omega > \omega_{\alpha,\beta}$ et considérons, sur L_p ($p \geqslant 1$), la norme suivante

$$\||\varphi\||_p = \left[\int_\Omega |\varphi(\mu, v)|^p \, h_\omega^p(\mu, v) \mathrm{d}\mu \mathrm{d}v \right]^{\frac{1}{p}} \qquad (3.87)$$

où,

$$h_\omega(\mu, v) = \delta_{\alpha,\beta}^{\min\left\{ \omega \frac{\mu}{v}, 1 \right\}}. \qquad (3.88)$$

Comme

$$1 \leqslant h_\omega(\mu, v) \leqslant \delta_{\alpha,\beta} \qquad \text{pour tout} \qquad (\mu, v) \in \Omega$$

45

alors

$$\|\varphi\|_p \leqslant \||\varphi\||_p \leqslant \delta_{\alpha,\beta}\|\varphi\|_p \qquad \text{pour tout} \quad \varphi \in L_p \tag{3.89}$$

et par conséquent, les deux normes (3.87) et (2.3) sont équivalentes.

En multipliant l'équation (3.42) par $(\operatorname{sgn}\varphi)\,|\varphi|^{(p-1)}\,h_\omega^p$ et en intégrant sur Ω nous obtenons

$$\lambda\||\varphi\||_p^p = \underbrace{-\frac{1}{p}\int_\Omega v\left(h_\omega^p\frac{\partial|\varphi|^p}{\partial\mu}\right)(\mu,v)\mathrm{d}\mu\mathrm{d}v}_{A_p} + \underbrace{\int_\Omega\left((\operatorname{sgn}\varphi)\,|\varphi|^{(p-1)}\,h_\omega^p g\right)(\mu,v)\mathrm{d}\mu\mathrm{d}v}_{B_p} \tag{3.90}$$

Nous divisons le reste de la preuve en plusieurs étapes.

Étape 1. (Estimation de A_p ($p \geqslant 1$)).

En intégrant par parties, le terme A_p devient

$$A_p = \int_\Omega v\left(\frac{\partial\left(|\varphi|^p h_\omega^p\right)}{\partial\mu}\right)(\mu,v)\mathrm{d}\mu\mathrm{d}v - \int_\Omega v\left(|\varphi|^p\frac{\partial h_\omega^p}{\partial\mu}\right)(\mu,v)\mathrm{d}\mu\mathrm{d}v$$

$$= \int_a^\infty\left[\int_0^1\frac{\partial\left(|\varphi|^p h_\omega^p\right)}{\partial\mu}(\mu,v)\mathrm{d}\mu\right]v\mathrm{d}v - \int_\Omega v\left(|\varphi|^p\frac{\partial h_\omega^p}{\partial\mu}\right)(\mu,v)\mathrm{d}\mu\mathrm{d}v$$

$$= \int_a^\infty\left[|\varphi(1,v)h_\omega(1,v)|^p - |\varphi(0,v)h_\omega(0,v)|^p\right]v\mathrm{d}v - \int_\Omega v\left(|\varphi|^p\frac{\partial h_\omega^p}{\partial\mu}\right)(\mu,v)\mathrm{d}\mu\mathrm{d}v$$

que l'on peut mettre sous la forme

$$A_p = \underbrace{\int_a^\infty|\gamma_1(\varphi h_\omega)(v)|^p\,v\mathrm{d}v}_{A_{p,1}} - \underbrace{\int_a^\infty|\gamma_0(\varphi h_\omega)(v)|^p\,v\mathrm{d}v}_{A_{p,2}} - \underbrace{\int_\Omega v\left(|\varphi|^p\frac{\partial h_\omega^p}{\partial\mu}\right)(\mu,v)\mathrm{d}\mu\mathrm{d}v}_{A_{p,3}} \tag{3.91}$$

Tout d'abord, en utilisant la relation (3.88), nous pouvons écrire

$$A_{p,1}^{\frac{1}{p}} = \left[\int_a^\infty|h_\omega(1,v)|^p\,|\gamma_1\varphi(v)|^p\,v\mathrm{d}v\right]^{\frac{1}{p}}$$

$$= \left[\int_a^\infty\delta_{\alpha,\beta}^{p\min\left\{\frac{\omega}{v},1\right\}}|\gamma_1\varphi(v)|^p\,v\mathrm{d}v\right]^{\frac{1}{p}}$$

$$= \left[\int_a^\omega\delta_{\alpha,\beta}^p\,|\gamma_1\varphi(v)|^p\,v\mathrm{d}v + \int_\omega^\infty\delta_{\alpha,\beta}^{\frac{p\omega}{v}}|\gamma_1\varphi(v)|^p\,v\mathrm{d}v\right]^{\frac{1}{p}}$$

ce qui implique, en vertu de la concavité de $x \in (0,\infty) \mapsto x^{\frac{1}{p}}$ ($p \geqslant 1$), que

$$A_{p,1}^{\frac{1}{p}} \geqslant 2^{\left(\frac{1}{p}-1\right)}\left\{\left[\int_a^\omega\delta_{\alpha,\beta}^p\,|\gamma_1\varphi(v)|^p\,v\mathrm{d}v\right]^{\frac{1}{p}} + \left[\int_\omega^\infty\delta_{\alpha,\beta}^{\frac{p\omega}{v}}|\gamma_1\varphi(v)|^p\,v\mathrm{d}v\right]^{\frac{1}{p}}\right\}$$

et par conséquent

$$A_{p,1}^{\frac{1}{p}} \geqslant 2^{\left(\frac{1}{p}-1\right)}\delta_{\alpha,\beta}\left[\int_a^\omega|\gamma_1\varphi(v)|^p\,v\mathrm{d}v\right]^{\frac{1}{p}} + 2^{\left(\frac{1}{p}-1\right)}\left[\int_\omega^\infty|\gamma_1\varphi(v)|^p\,v\mathrm{d}v\right]^{\frac{1}{p}}. \tag{3.92}$$

Ensuite, en utilisant la condition aux limites (3.43), nous pouvons écrire

$$A_{p,2} = \left[\int_{a}^{\infty} |h_{\omega}(0,v)|^p \, |\gamma_0 \varphi(v)|^p \, v \mathrm{d}v \right]^{\frac{1}{p}}$$

$$= \left[\int_{a}^{\infty} |\gamma_0 \varphi(v)|^p \, v \mathrm{d}v \right]^{\frac{1}{p}}$$

$$= \left\| K_{\alpha,\beta} \left(\gamma_1 \varphi \right) \right\|_{Y_p}$$

ce qui implique, en vertu de la relation (3.8)–(avec $b = \infty$), que

$$A_{p,2}^{\frac{1}{p}} \leqslant (\alpha + \beta \overline{\kappa}_{a}) \left[\int_{a}^{\omega} |\gamma_1 \varphi(v)|^p \, v \mathrm{d}v \right]^{\frac{1}{p}} + (\alpha + \beta \overline{\kappa}_{\omega}) \left[\int_{\omega}^{\infty} |\gamma_1 \varphi(v)|^p \, v \mathrm{d}v \right]^{\frac{1}{p}}. \qquad (3.93)$$

Mais les deux relations (3.33) et (3.32) conduisent à

$$(\alpha + \beta \overline{\kappa}_{a}) \leqslant 2^{\left(\frac{1}{p}-1\right)} \delta_{\alpha,\beta} \qquad \text{et} \qquad (\alpha + \beta \overline{\kappa}_{\omega}) < 2^{\left(\frac{1}{p}-1\right)}$$

que nous reportons dans la relation (3.93) pour aboutir à

$$A_{p,2}^{\frac{1}{p}} \leqslant 2^{\left(\frac{1}{p}-1\right)} \delta_{\alpha,\beta} \left[\int_{a}^{\omega} |\gamma_1 \varphi(v)|^p \, v \mathrm{d}v \right]^{\frac{1}{p}} + 2^{\left(\frac{1}{p}-1\right)} \left[\int_{\omega}^{\infty} |\gamma_1 \varphi(v)|^p \, v \mathrm{d}v \right]^{\frac{1}{p}}.$$

En comparant cette dernière relation à la relation (3.92) nous obtenons $A_{p,1}^{\frac{1}{p}} \geqslant A_{p,2}^{\frac{1}{p}}$ ce qui conduit à $A_{p,1} - A_{p,2} \geqslant 0$ et par conséquent, la relation (3.91) devient

$$A_p \geqslant -A_{p,3}. \qquad (3.94)$$

Enfin, un simple calcul montre que l'on a

$$\left(v \frac{\partial h_{\omega}^p}{\partial \mu} \right)(\mu,v) = v \frac{\partial}{\partial \mu} \left(\begin{cases} \delta_{\alpha,\beta}^{p\omega \frac{\mu}{v}} & \text{si} \quad \omega \frac{\mu}{v} < 1 \\ \delta_{\alpha,\beta}^{p} & \text{si} \quad \omega \frac{\mu}{v} \geqslant 1 \end{cases} \right)$$

$$= \begin{cases} p \left(\omega \ln \delta_{\alpha,\beta} \right) \delta_{\alpha,\beta}^{p\omega \frac{\mu}{v}} & \text{si} \quad \omega \frac{\mu}{v} < 1 \\ 0 & \text{si} \quad \omega \frac{\mu}{v} \geqslant 1 \end{cases}$$

$$\leqslant \left(p\omega \ln \delta_{\alpha,\beta} \right) \begin{cases} \delta_{\alpha,\beta}^{p\omega \frac{\mu}{v}} & \text{si} \quad \omega \frac{\mu}{v} < 1 \\ \delta_{\alpha,\beta}^{p} & \text{si} \quad \omega \frac{\mu}{v} \geqslant 1 \end{cases}$$

$$= \left(p\omega \ln \delta_{\alpha,\beta} \right) h_{\omega}^p$$

ce qui implique que

$$A_{p,3} \leqslant \left(p\omega \ln \delta_{\alpha,\beta} \right) \int_{\Omega} |\varphi(\mu,v)|^p \, h_{\omega}^p(\mu,v) \mathrm{d}\mu \mathrm{d}v$$

$$= \left(p\omega \ln \delta_{\alpha,\beta} \right) |||\varphi|||_p^p.$$

Ainsi, la relation (3.94) devient

$$A_p \geqslant - \left(p\omega \ln \delta_{\alpha,\beta} \right) |||\varphi|||_p^p. \tag{3.95}$$

Étape 2. (Estimation de B_p $(p \geqslant 1)$).

Tout d'abord,

$$B_p \leqslant \int_\Omega \left(|\varphi h_\omega|^{(p-1)} |h_\omega g| \right) (\mu, v) \mathrm{d}\mu \mathrm{d}v.$$

Ensuite, en utilisant l'inégalité de Hölder (avec $p^{-1} + q^{-1} = 1$) nous aboutissons à

$$\begin{aligned}
B_p &\leqslant \left[\int_\Omega |(\varphi h_\omega)(\mu, v)|^{q(p-1)} \mathrm{d}\mu \mathrm{d}v \right]^{\frac{1}{q}} \left[\int_\Omega |(h_\omega g)(\mu, v)|^p \mathrm{d}\mu \mathrm{d}v \right]^{\frac{1}{p}} \\
&= \left[\int_\Omega |(\varphi h_\omega)(\mu, v)|^p \mathrm{d}\mu \mathrm{d}v \right]^{\frac{1}{q}} \left[\int_\Omega |(h_\omega g)(\mu, v)|^p \mathrm{d}\mu \mathrm{d}v \right]^{\frac{1}{p}} \\
&= |||\varphi|||_p^{\frac{p}{q}} |||g|||_p
\end{aligned}$$

et par conséquent

$$B_p \leqslant |||\varphi|||_p^{(p-1)} |||g|||_p. \tag{3.96}$$

Étape 3. (Conclusion).

Tout d'abord, en reportant les deux relations (3.95) et (3.96) dans la relation (3.90) nous aboutissons à

$$\lambda |||\varphi|||_p^p \leqslant \left(\omega \ln \delta_{\alpha,\beta} \right) |||\varphi|||_p^p + |||\varphi|||_p^{(p-1)} |||g|||_p$$

ou encore

$$\left(\lambda - \omega \ln \delta_{\alpha,\beta} \right) |||\varphi|||_p \leqslant |||g|||_p$$

ce qui implique, en vertu de la relation (3.86), que

$$\left| \left| \left| (\lambda - A_{\alpha,\beta})^{-1} g \right| \right| \right|_p \leqslant \frac{|||g|||_p}{\left(\lambda - \omega \ln \delta_{\alpha,\beta} \right)}.$$

Ensuite, comme ω $(\omega > \omega_{\alpha,\beta})$ est arbitraire, en passant à la limite $(\omega \to \omega_{\alpha,\beta})$ nous en déduisons que

$$\left| \left| \left| (\lambda - A_{\alpha,\beta})^{-1} g \right| \right| \right|_p \leqslant \frac{1}{\left(\lambda - \omega_{\alpha,\beta} \ln \delta_{\alpha,\beta} \right)} |||g|||_p$$

ce qui implique, en utilisant la recurrence, que

$$\left| \left| \left| (\lambda - A_{\alpha,\beta})^{-n} g \right| \right| \right|_p \leqslant \frac{1}{\left(\lambda - \omega_{\alpha,\beta} \ln \delta_{\alpha,\beta} \right)^n} |||g|||_p \qquad n = 1, 2, 3, \cdots \tag{3.97}$$

Maintenant, l'opérateur $A_{\alpha,\beta}$ est fermé à domaine dense (voir proposition 3.4(3)) vérifiant les deux relations (3.76) et (3.97) requises par le théorème 1.1. Nous concluons que $A_{\alpha,\beta}$ engendre, sur L_p $(p \geqslant 1)$, un semi-groupe fortement continu $\mathbb{A}_{\alpha,\beta} = (\mathbb{A}_{\alpha,\beta}(t))_{t \geqslant 0}$ vérifiant

$$\left| \left| \left| \mathbb{A}_{\alpha,\beta}(t)\varphi \right| \right| \right|_p \leqslant e^{(\omega_{\alpha,\beta} \ln \delta_{\alpha,\beta})t} |||\varphi|||_p \qquad t \geqslant 0 \tag{3.98}$$

pour toute densité cellulaire initiale $\varphi \in \mathrm{L}_p$ $(p \geqslant 1)$. Maintenant, la relation (3.89) conduit à la relation cherchée (3.85) et achève la preuve. $\qquad\square$

Nous finissons cette section par les corollaires suivants.

Corollaire 3.6. *Supposons que l'hypothèse* $(\mathbf{A}_k^1)$ *soit satisfaite et soient* $\alpha \geqslant 0$ *et* $\beta \geqslant 0$. *Supposons également que* $b = \infty$. *Si*

$$(\alpha + \beta\overline{\kappa}_a) < 2^{\left(\frac{1}{p}-1\right)} \tag{3.99}$$

alors $A_{\alpha,\beta}$ *engendre, sur* L_p $(p \geqslant 1)$, *un semi-groupe fortement continu,* $\mathbb{A}_{\alpha,\beta} = (\mathbb{A}_{\alpha,\beta}(t))_{t \geqslant 0}$ *de contractions, i.e.,*

$$\left\| \mathbb{A}_{\alpha,\beta}(t)\varphi \right\|_p \leqslant \|\varphi\|_p \qquad t \geqslant 0$$

pour toute densité cellulaire initiale $\varphi \in L_p$ $(p \geqslant 1)$.

Démonstration. Tout d'abord, en combinant les deux relations (3.99) et (3.33) nous aboutissons à $\delta_{\alpha,\beta} = 1$. Ensuite, comme

$$\alpha + \beta\overline{\kappa}_\omega \leqslant \alpha + \beta\overline{\kappa}_a < 2^{\left(\frac{1}{p}-1\right)} \qquad \text{for all} \quad \omega \geqslant 0$$

alors l'hypothèse $(\mathbf{A}_k^2)$ est satisfaite pour tout $\omega \geqslant 0$ et par conséquent $\omega_{\alpha,\beta} = 0$ en vertu de la relation (3.32). Maintenant, il suffit d'appliquer le théorème (3.2). $\qquad\square$

Corollaire 3.7. *Soit* $0 \leqslant \alpha < 2^{\left(\frac{1}{p}-1\right)}$. *Supposons que* $b = \infty$. *Alors* $A_{\alpha,0}$ *engendre, sur* L_p $(p \geqslant 1)$, *un semi-groupe fortement continu,* $\mathbb{A}_{\alpha,0} = (\mathbb{A}_{\alpha,0}(t))_{t \geqslant 0}$ *de contractions, i.e.,*

$$\left\| \mathbb{A}_{\alpha,0}(t)\varphi \right\|_p \leqslant \|\varphi\|_p \qquad t \geqslant 0$$

pour toute densité cellulaire initiale $\varphi \in L_p$ $(p \geqslant 1)$.

Démonstration. Il suffit d'appliquer le corollaire 3.6 avec $0 \leqslant \alpha < 2^{\left(\frac{1}{p}-1\right)}$ et $\beta = 0$. $\qquad\square$

Corollaire 3.8. *Supposons que l'hypothèse* $(\mathbf{A}_k^1)$ *soit satisfaite et soit* $\beta \geqslant 0$ *tel qu'on ait* $\beta\overline{\kappa}_a < 2^{\left(\frac{1}{p}-1\right)}$. *Supposons également que* $b = \infty$. *Alors* $A_{0,\beta}$ *engendre, sur* L_p $(p \geqslant 1)$, *un semi-groupe fortement continu,* $\mathbb{A}_{0,\beta} = (\mathbb{A}_{0,\beta}(t))_{t \geqslant 0}$ *de contractions, i.e.,*

$$\left\| \mathbb{A}_{0,\beta}(t)\varphi \right\|_p \leqslant \|\varphi\|_p \qquad t \geqslant 0$$

pour toute densité cellulaire initiale $\varphi \in L_p$ $(p \geqslant 1)$.

Démonstration. Il suffit d'appliquer le corollaire 3.6 avec $\alpha = 0$ et $\beta\overline{\kappa}_a < 2^{\left(\frac{1}{p}-1\right)}$. $\qquad\square$

3.3 Simulations Numériques

Dans cette section, nous allons simuler numériquement la solution du modèle (3.1)–(3.2).

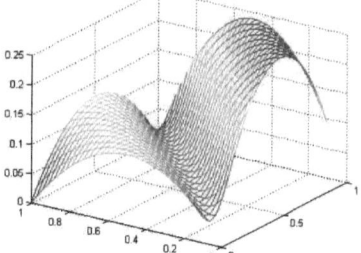

FIGURE 3.1 – $\alpha = 0$ et $\beta = 0.5$

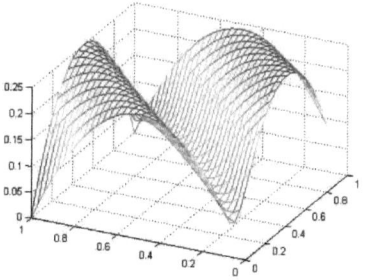

FIGURE 3.2 – $\alpha = 0$ et $\beta = 1$

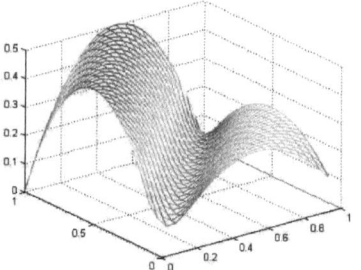

FIGURE 3.3 – $\alpha = 0$ et $\beta = 2$

Chapitre 4

Les Opérateurs de Mortalité et de Prolifération

Sommaire

Dans ce chapitre, nous allons étudier les opérateurs de mortalité et de prolifération définis par

$$M_\sigma \varphi(\mu, v) := -\sigma(\mu, v)\varphi(\mu, v) \tag{4.1}$$

et

$$P_r \varphi(\mu, v) := \int_a^b r(\mu, v, v')\varphi(\mu, v')\mathrm{d}v'. \tag{4.2}$$

Nous montrons tout d'abord, moyennant des hypothèses convenables sur le taux de mortalité σ et le noyau de prolifération r, que ces deux opérateurs sont bornés de L_p ($p \geqslant 1$) dans lui même. Cela permet, en particulier, d'utiliser le théorème 4 pour conclure que le modèle (0.1)–(0.4) est gouverné par un semi-groupe fortement continu

Ensuite, moyennant d'autres hypothèses sur le taux de mortalité σ et le noyau de prolifération r, nous montrons que l'opérateur linéaire $(M_\sigma + P_r)$ est dissipatif ce qui permet, en vertu du théorème 1.4, d'améliorer la majoration de croissance du semi-groupe gouvernant le modèle (0.1)–(0.4) (voir le chapitre 5 pour plus de détails)

Nous rappelons que le cadre mathématique utilisé dans ce chapitre est déjà défini dans la section 2.1 du chapitre 2.

4.1 La propriété de la bornitude

Dans cette section nous allons montrer que les opérateurs de mortalité M_σ et prolifération P_r sont bornés de L_p $(p \geqslant 1)$ lui même moyennant les hypothèses suivantes

$\boxed{(\mathbf{A}_\sigma^1)}$: $\qquad\qquad\qquad\qquad \overline{\sigma} := \sup_{(\mu,v)\in\Omega} \mathrm{ess}\, |\sigma(\mu,v)| < \infty$

$\boxed{(\mathbf{A}_r^1)}$: $\qquad\qquad\qquad\qquad \overline{r}_p < \infty$

où,

$$
\overline{r}_p := \begin{cases} \left[\displaystyle\sup_{(\mu,v)\in\Omega}\mathrm{ess}\int_a^b |r(\mu,v',v)|\,\mathrm{d}v'\right]^{\frac{1}{p}} \left[\displaystyle\sup_{(\mu,v)\in\Omega}\mathrm{ess}\int_a^b |r(\mu,v,v')|\,\mathrm{d}v'\right]^{\left(1-\frac{1}{p}\right)} & \text{si } p > 1 \\[3ex] \displaystyle\sup_{(\mu,v)\in\Omega}\mathrm{ess}\int_a^b |r(\mu,v',v)|\,\mathrm{d}v' & \text{si } p = 1. \end{cases}
$$

Proposition 4.1. (1) *Si l'hypothèse* $(\mathbf{A}_\sigma^1)$ *est satisfaite alors l'opérateur linéaire* M_σ *est borné de* L_p $(p \geqslant 1)$ *dans lui même vérifiant*

$$\|M_\sigma \varphi\|_p \leqslant \overline{\sigma}\|\varphi\|_p$$

pour toute densité cellulaire initiale $\varphi \in L_p$ $(p \geqslant 1)$.

(2) *Si l'hypothèse* $(\mathbf{A}_r^1)$ *est satisfaite alors l'opérateur* P_r *est borné de* L_p $(p \geqslant 1)$ *dans lui même vérifiant*

$$\|P_r \varphi\|_p \leqslant \overline{r}_p\|\varphi\|_p$$

pour toute densité cellulaire initiale $\varphi \in L_p$ $(p \geqslant 1)$.

Démonstration. Let $\varphi \in L_p$ $(p \geqslant 1)$.

(1). En utilisant la relation (4.1), il vient que

$$
\begin{aligned}
|M_\sigma \varphi(\mu,v)| &= |\sigma(\mu,v)|\,|\varphi(\mu,v)| \\
&\leqslant \underbrace{\left[\sup_{(\mu,v)\in\Omega}\mathrm{ess}\,|\sigma(\mu,v)|\right]}_{\overline{\sigma}} |\varphi(\mu,v)| \\
&= \overline{\sigma}\quad |\varphi(\mu,v)|
\end{aligned}
$$

ce qui implique

$$\int_\Omega |M_\sigma \varphi(\mu,v)|^p\,\mathrm{d}\mu\mathrm{d}v \leqslant \overline{\sigma}^p \int_\Omega |\varphi(\mu,v)|^p\,\mathrm{d}\mu\mathrm{d}v$$

ou encore $\|M_\sigma \varphi\|_p \leqslant \overline{\sigma}\|\varphi\|_p$ et par conséquent M_σ est borné de L_p $(p \geqslant 1)$ dans lui même.

(1). Tout d'abord, supposons que $p = 1$. En utilisant la relation (4.2), il vient que

$$\|P_r\varphi\|_1 \leqslant \int_0^1 \int_a^b \left[\int_a^b |r(\mu, v, v')|\, |\varphi(\mu, v')|\, \mathrm{d}v'\right] \mathrm{d}\mu \mathrm{d}v$$

$$= \int_0^1 \int_a^b \left[\int_a^b |r(\mu, v, v')|\, \mathrm{d}v\right] |\varphi(\mu, v')|\, \mathrm{d}\mu \mathrm{d}v'$$

$$\leqslant \underbrace{\left[\sup_{(\mu, v') \in \Omega} \mathrm{ess} \int_a^b |r(\mu, v, v')|\, \mathrm{d}v\right]}_{\overline{r}_1} \int_0^1 \int_a^b |\varphi(\mu, v')|\, \mathrm{d}\mu \mathrm{d}v'$$

ou encore $\|P_r\varphi\|_1 \leqslant \overline{r}_1\|\varphi\|_1$ et par conséquent P_r est borné de L_1 dans lui même.

Ensuite, supposons que $p > 1$. En écrivant

$$|P_r\varphi(\mu, v)| \leqslant \int_a^b |r(\mu, v, v')|\, |\varphi(\mu, v')|\, \mathrm{d}v'$$

$$= \int_a^b \left[|r(\mu, v, v')|\right]^{\frac{1}{q}} \left[|r(\mu, v, v')|\, |\varphi(\mu, v')|^p\right]^{\frac{1}{p}} \mathrm{d}v'$$

l'inégalité de Hölder (avec $p^{-1} + q^{-1} = 1$) conduit à

$$|P_r\varphi(\mu, v)| \leqslant \left[\int_a^b |r(\mu, v, v')|\, \mathrm{d}v'\right]^{\frac{1}{q}} \left[\int_a^b |r(\mu, v, v')|\, |\varphi(\mu, v')|^p\, \mathrm{d}v'\right]^{\frac{1}{p}}$$

$$\leqslant \left[\sup_{(\mu, v) \in \Omega} \mathrm{ess} \int_a^b |r(\mu, v, v')|\, \mathrm{d}v'\right]^{\frac{1}{q}} \left[\int_a^b |r(\mu, v, v')|\, |\varphi(\mu, v')|^p\, \mathrm{d}v'\right]^{\frac{1}{p}}$$

ce qui implique que

$$\|P_r\varphi\|_p^p \leqslant \left[\sup_{(\mu, v) \in \Omega} \mathrm{ess} \int_a^b |r(\mu, v, v')|\, \mathrm{d}v'\right]^{\frac{p}{q}} \int_0^1 \int_a^b \left[\int_a^b |r(\mu, v, v')|\, |\varphi(\mu, v')|^p\, \mathrm{d}v'\right] \mathrm{d}\mu \mathrm{d}v$$

$$= \left[\sup_{(\mu, v) \in \Omega} \mathrm{ess} \int_a^b |r(\mu, v, v')|\, \mathrm{d}v'\right]^{\frac{p}{q}} \int_0^1 \int_a^b \left[\int_a^b |r(\mu, v, v')|\, \mathrm{d}v\right] |\varphi(\mu, v')|^p\, \mathrm{d}\mu \mathrm{d}v'$$

$$\leqslant \underbrace{\left[\sup_{(\mu, v) \in \Omega} \mathrm{ess} \int_a^b |r(\mu, v, v')|\, \mathrm{d}v'\right]^{\frac{p}{q}} \left[\sup_{(\mu, v') \in \Omega} \mathrm{ess} \int_a^b |r(\mu, v, v')|\, \mathrm{d}v\right]}_{\overline{r}_p^p} \int_\Omega |\varphi(\mu, v')|^p\, \mathrm{d}\mu \mathrm{d}v'$$

ou encore $\|P_r\varphi\|_p \leqslant \overline{r}_p\|\varphi\|_p$ et par conséquent P_r est borné de L_p ($p > 1$) dans lui même. $\square$

4.2 La propriété de la dissipativité

Dans cette section nous allons étudier la dissipativité de l'opérateur de $(M_\sigma + P_r)$ dans L_p $(p \geqslant 1)$. Pour se faire nous posons les hypothèses suivantes

$$\boxed{(\mathbf{A}_{\sigma-r})} \; : \qquad \frac{1}{p}\int_a^b |r(\cdot, v', \cdot)|\, \mathrm{d}v' + \left(1 - \frac{1}{p}\right)\int_a^b |r(\cdot, \cdot, v')|\, \mathrm{d}v' \leqslant |\sigma(\cdot, \cdot)|$$

$$\boxed{\left(\mathbf{A}_\sigma^2\right)} \; : \qquad\qquad\qquad\qquad \sigma \geqslant 0.$$

Dans ce cas nous avons

Proposition 4.2. *Supposons que les hypothèses* $(\mathbf{A}_\sigma^1)$, $(\mathbf{A}_\sigma^2)$, $(\mathbf{A}_r^1)$ *et* $(\mathbf{A}_{\sigma-r})$ *soient satisfaites. Alors* $(M_\sigma + P_r)$ *est un opérateur dissipatif dans* L_p $(p \geqslant 1)$.

Démonstration. Il suffit de montrer que l'on a

$$\left\langle \varphi\,|\varphi|^{(p-2)}, (M_\sigma + P_r)\varphi \right\rangle \leqslant 0 \qquad \text{pour tout} \quad \varphi \in L_p\ (p \geqslant 1). \tag{4.3}$$

Soit $\varphi \in L_p$ $(p \geqslant 1)$. Tout d'abord,

$$\left\langle \varphi\,|\varphi|^{(p-2)}, M_\sigma\varphi \right\rangle = -\int_\Omega \varphi(\mu, v)\,|\varphi(\mu, v)|^{(p-2)}\,\sigma(\mu, v)\varphi(\mu, v)\mathrm{d}\mu\mathrm{d}v$$

ou encore

$$\left\langle \varphi\,|\varphi|^{(p-2)}, M_\sigma\varphi \right\rangle = -\int_\Omega \sigma(\mu, v)\,|\varphi(\mu, v)|^p\, \mathrm{d}\mu\mathrm{d}v. \tag{4.4}$$

Ensuite,

$$\begin{aligned}
\left\langle \varphi\,|\varphi|^{(p-2)}, P_r\varphi \right\rangle &= \int_\Omega \varphi(\mu, v)\,|\varphi(\mu, v)|^{(p-2)}\left[\int_a^b r(\mu, v, v')\varphi(\mu, v')\mathrm{d}v'\right]\mathrm{d}\mu\mathrm{d}v \\
&\leqslant \int_\Omega |\varphi(\mu, v)|^{(p-1)}\left[\int_a^b |r(\mu, v, v')|\,|\varphi(\mu, v')|\,\mathrm{d}v'\right]\mathrm{d}\mu\mathrm{d}v
\end{aligned}$$

que l'on peut mettre sous la forme

$$\left\langle \varphi\,|\varphi|^{(p-2)}, P_r\varphi \right\rangle \leqslant \int_\Omega\int_a^b \left[|r(\mu, v, v')||\varphi(\mu, v)|^p\right]^{\frac{1}{q}}\left[|r(\mu, v, v')||\varphi(\mu, v')|^p\right]^{\frac{1}{p}}\mathrm{d}\mu\mathrm{d}v\mathrm{d}v'$$

avec $p^{-1} + q^{-1} = 1$. L'inégalité de Young conduit à

$$\langle \varphi \, |\varphi|^{(p-2)}, P_r \varphi \rangle \leqslant \frac{1}{p} \int_0^1 \int_a^b \int_a^b |r(\mu, v, v')| \, |\varphi(\mu, v')|^p \, d\mu dv dv'$$

$$+ \frac{1}{q} \int_0^1 \int_a^b \int_a^b |r(\mu, v, v')| \, |\varphi(\mu, v)|^p \, d\mu dv dv'$$

$$= \frac{1}{p} \int_0^1 \int_a^b \int_a^b |r(\mu, v', v)| \, |\varphi(\mu, v)|^p \, d\mu dv' dv$$

$$+ \frac{1}{q} \int_0^1 \int_a^b \int_a^b |r(\mu, v, v')| \, |\varphi(\mu, v)|^p \, d\mu dv dv'$$

$$= \frac{1}{p} \int_0^1 \int_a^b \left[\int_a^b |r(\mu, v', v)| \, dv' \right] |\varphi(\mu, v)|^p \, d\mu dv$$

$$+ \frac{1}{q} \int_0^1 \int_a^b \left[\int_a^b |r(\mu, v, v')| \, dv' \right] |\varphi(\mu, v)|^p \, d\mu dv$$

ou encore

$$\langle \varphi \, |\varphi|^{(p-2)}, P_r \varphi \rangle \leqslant \int_\Omega \left[\frac{1}{p} \int_a^b |r(\mu, v', v)| \, dv' + \frac{1}{q} \int_a^b |r(\mu, v, v')| \, dv' \right] |\varphi(\mu, v)|^p \, d\mu dv$$

ce qui implique, en vertu de l'hypothèse $(\mathbf{A}_{\sigma-r})$, que

$$\langle \varphi \, |\varphi|^{(p-2)}, P_r \varphi \rangle \leqslant \int_\Omega |\sigma(\mu, v)| \, |\varphi(\mu, v)|^p \, d\mu dv. \tag{4.5}$$

Enfin, en combinant les deux relation (4.4) et (4.5), nous aboutissons à

$$\langle \varphi \, |\varphi|^{(p-2)}, (M_\sigma + P_r) \varphi \rangle \leqslant \int_\Omega (|\sigma(\mu, v)| - \sigma(\mu, v)) \, |\varphi(\mu, v)|^p \, d\mu dv$$

ce qui conduit, en vertu de l'hypothèse $(\mathbf{A}_\sigma^2)$, à la relation cherchée (4.4) et achève la preuve.

$\square$

Chapitre 5

Le Modèle avec Mortalité et Prolifération

Sommaire

Dans ce chapitre, nous allons étudier l'évolution d'une population cellulaire. La densité cellulaire, $f = f(t, \mu, v)$, vérifie l'équation (0.1) *i.e.*,

$$\frac{\partial f}{\partial t} = -v\frac{\partial f}{\partial \mu} - \sigma f + \int_a^b r(\mu, v, v')f(t, \mu, v')\mathrm{d}v' \qquad t \geqslant 0 \tag{5.1}$$

où, σ désigne le tau de mortalité et r désigne le noyau de prolifération.

Au sein de cette population, nous supposons que les cellules se divisent suivant la loi biologique composée (0.4), *i.e.*,

$$f(t, 0, v) = \alpha f(t, 1, v) + \frac{\beta}{v}\int_a^b k(v, v')f(t, 1, v')v'\mathrm{d}v' \qquad t \geqslant 0 \tag{5.2}$$

où, $\alpha \geqslant 0$ et $\beta \geqslant 0$ désignent les nombres moyens de cellules filles issues par mitose cellulaire et k désigne le noyau de corrélation (voir l'introduction pour plus de détails).

L'objectif de ce chapitre est d'étudier le modèle (5.1)–(5.2) et de montrer qu'il est gouverné par un semi-groupe fortement continu.

Pour se faire, nous utilisons les résultats montrés au chapitre 3 concernant le modèle (5.1)–(5.2)-(avec $\sigma = r = 0$). Ensuite, nous appliquons successivement deux perturbations linéaires modélisées par les opérateurs de mortalité M_σ et de prolifération P_r. Les deux opérateurs M_σ et P_r ont été déjà étudiés au chapitre 4.

Nous rappelons que le cadre mathématique utilisé dans ce chapitre est déjà défini dans la section 2.1 du chapitre 2.

5.1 Le Modèle sans Prolifération

Dans cette section, nous allons étudier le modèle sans prolifération, *i.e.*, (5.1)–(5.2)–(avec $r = 0$). Pour se faire, nous définissons l'opérateur non borné suivant

$$V_{\alpha,\beta} := A_{\alpha,\beta} + M_\sigma \tag{5.3}$$

sur le domaine

$$D\left(V_{\alpha,\beta}\right) := D\left(A_{\alpha,\beta}\right)$$

où, l'opérateur non borné $A_{\alpha,\beta}$ et son domaine $D\left(A_{\alpha,\beta}\right)$ sont définis par les deux relations (3.39) et (3.40) et M_σ est l'opérateur de mortalité défini par la relation (4.1).

Dans le premier cas (*i.e.*, cas b $< \infty$), nous avons

Théorème 5.1. (Cas : b $< \infty$). *Supposons que l'hypothèse* $(\mathbf{A}_k^1)$ *soit satisfaite et soient* $\alpha \geqslant 0$ *et* $\beta \geqslant 0$. *Supposons également que* b $< \infty$. *Si* $(\mathbf{A}_\sigma^1)$ *est satisfaite alors l'opérateur* $V_{\alpha,\beta}$ *engendre, sur* L_p *($p \geqslant 1$), un semi-groupe fortement continu,* $\mathbb{V}_{\alpha,\beta} = (\mathbb{V}_{\alpha,\beta}(t))_{t\geqslant 0}$.

Démonstration. L'opérateur $A_{\alpha,\beta}$ est un générateur infinitésimal en vertu du théorème 3.1. L'opérateur de mortalité M_σ est borné en vertu de la proposition (4.1)(1). Maintenant, le théorème 1.3 achève la preuve. $\qquad\qquad\square$

Dans le second cas (*i.e.*, cas b $= \infty$), nous avons

Théorème 5.2. (Cas : b $= \infty$) *Supposons que les hypothèses* $(\mathbf{A}_k^1)$ *et* $(\mathbf{A}_k^2)$ *soient satisfaites et soient* $\alpha \geqslant 0$ *et* $\beta \geqslant 0$. *Supposons également que* b $= \infty$. *Si l'hypothèse* $(\mathbf{A}_\sigma^1)$ *est satisfaite alors* $V_{\alpha,\beta}$ *engendre, sur* L_p *($p \geqslant 1$), un semi-groupe fortement continu,* $\mathbb{V}_{\alpha,\beta} = (\mathbb{V}_{\alpha,\beta}(t))_{t\geqslant 0}$.

Démonstration. Même preuve que le théorème 5.1. $\qquad\qquad\square$

5.2 Le Modèle avec Prolifération

Dans cette section, nous allons étudier le modèle (5.1)–(5.2). Pour se faire, nous définissons l'opérateur non borné suivant

$$T_{\alpha,\beta} := V_{\alpha,\beta} + P_r = A_{\alpha,\beta} + M_\sigma + P_r \tag{5.4}$$

sur le domaine

$$D\left(T_{\alpha,\beta}\right) := D\left(A_{\alpha,\beta}\right)$$

où, l'opérateur non borné $A_{\alpha,\beta}$ et son domaine $D\left(A_{\alpha,\beta}\right)$ sont définis par les deux relations (3.39) et (3.40) et M_σ et P_r sont les opérateurs de mortalité et prolifération définis par les relations (4.1) et (4.2).

Dans la suite nous allons étudier l'opérateur $T_{\alpha,\beta}$ dans les deux cas b $< \infty$ et b $= \infty$.

5.2.1 Vitesse de maturation finie (b < ∞)

Dans cette section nous allons étudier l'opérateur $T_{\alpha,\beta}$ dans le cas ou la vitesse de maturation maximale est finie (*i.e.*, b < ∞). Nous commençons par le résultat suivant

Théorème 5.3. (Cas : b < ∞). *Supposons que les hypothèses* $(\mathbf{A}_k^1)$ *et* $(\mathbf{A}_\sigma^1)$ *soient satisfaites et soient* $\alpha \geqslant 0$ *et* $\beta \geqslant 0$. *Supposons également que* b < ∞. *Si l'hypothèse* $(\mathbf{A}_r^1)$ *est satisfaite alors l'opérateur* $T_{\alpha,\beta}$ *engendre, sur* L_p $(p \geqslant 1)$, *un semi-groupe fortement continu,* $\mathbb{T}_{\alpha,\beta} = (\mathbb{T}_{\alpha,\beta}(t))_{t\geqslant 0}$ *vérifiant*

$$\left\| \mathbb{T}_{\alpha,\beta}(t)\varphi \right\|_p \leqslant \overline{\delta}_{\alpha,\beta} e^{(\overline{\sigma} + \mathrm{b}\ln \overline{\delta}_{\alpha,\beta})t} \|\varphi\|_p \qquad t \geqslant 0 \qquad (5.5)$$

pour toute densité cellulaire initiale $\varphi \in L_p$ $(p \geqslant 1)$ *où,* $\overline{\delta}_{\alpha,\beta}$ *est défini par* (3.30).

Démonstration. L'opérateur $V_{\alpha,\beta}$ est un générateur infinitésimal en vertu du théorème 5.1. L'opérateur de prolifération P_r est borné en vertu de la proposition (4.1)(2). Maintenant, le théorème 1.3 achève la preuve. □

Dans la réalité, des évènements biologiques peuvent parfois intervenir dans l'évolution de la population cellulaire ce qui conduit à l'augmentation de la mortalité au détriment de la prolifération. Ces évènements peuvent être traduits par les hypothèses $(\mathbf{A}_\sigma^2)$ et $(\mathbf{A}_{\sigma-r})$, *i.e.*,

$$(\mathbf{A}_{\sigma-r}) : \qquad \frac{1}{p}\int_a^b |r(\cdot, v', \cdot)|\, \mathrm{d}v' + \left(1 - \frac{1}{p}\right)\int_a^b |r(\cdot, \cdot, v')|\, \mathrm{d}v' \leqslant |\sigma(\cdot, \cdot)|$$

$$(\mathbf{A}_\sigma^2) : \qquad\qquad\qquad \sigma \geqslant 0.$$

Malheureusement la majoration de croissance (*i.e.*, la relation (5.5)) du semi-groupe engendré $\mathbb{T}_{\alpha,\beta} = (\mathbb{T}_{\alpha,\beta}(t))_{t\geqslant 0}$ ne donne aucune information supplémentaire même en présence des hypothèses $(\mathbf{A}_\sigma^2)$ et $(\mathbf{A}_{\sigma-r})$.

Pour palier cet inconvénient, nous allons démontrer le résultat suivant

Théorème 5.4. (Cas : b < ∞). *Supposons que les hypothèses* $(\mathbf{A}_k^1)$, $(\mathbf{A}_\sigma^1)$ *et* $(\mathbf{A}_r^1)$ *soient satisfaites et soient* $\alpha \geqslant 0$ *et* $\beta \geqslant 0$. *Supposons également que* b < ∞. *Si les hypothèses* $(\mathbf{A}_\sigma^2)$ *et* $(\mathbf{A}_{\sigma-r})$ *sont satisfaites alors* $T_{\alpha,\beta}$ *engendre, sur* L_p $(p \geqslant 1)$, *un semi-groupe fortement continu,* $\mathbb{T}_{\alpha,\beta} = (\mathbb{T}_{\alpha,\beta}(t))_{t\geqslant 0}$ *vérifiant*

$$\left\| \mathbb{V}_{\alpha,\beta}(t)\varphi \right\|_p \leqslant \overline{\delta}_{\alpha,\beta} e^{\left(\mathrm{b}\ln \overline{\delta}_{\alpha,\beta}\right)t} \|\varphi\|_p \qquad t \geqslant 0 \qquad (5.6)$$

pour toute densité cellulaire initiale $\varphi \in L_p$ $(p \geqslant 1)$ *où,* $\overline{\delta}_{\alpha,\beta}$ *est défini par* (3.30).

Démonstration. Nous allons utiliser les éléments de la preuve du théorème 3.1.

Étape 1. (Cas : $(\alpha + \beta\overline{\kappa}_a) \leqslant 1$).

Supposons que $(\alpha + \beta\overline{\kappa}_a) \leqslant 1$. En utilisant la conclusion de l'étape 1 de la preuve du théorème 3.1 nous en déduisons que l'opérateur $A_{\alpha,\beta}$ engendre, sur L_p $(p \geqslant 1)$ un semi-groupe fortement continu, $\mathbb{A}_{\alpha,\beta} = (\mathbb{A}_{\alpha,\beta}(t))_{t\geqslant 0}$, de contractions.

Ensuite, en vertu de la proposition 4.1, l'opérateur $(M_\sigma + P_r)$ est borné de L_p $(p \geqslant 1)$ dans lui même et par conséquent

$$\left\| (M_\sigma + P_r)\, \varphi \right\|_p \leqslant 0 \left\| A_{\alpha,\beta}\varphi \right\|_p + \left\| (M_\sigma + P_r) \right\|_{\mathcal{L}(\mathrm{L}_p)} \left\| \varphi \right\|_p \qquad \text{pour tout} \qquad \varphi \in D(A_{\alpha,\beta}).$$

De plus $(M_\sigma + P_r)$ est dissipatif en vertu de la proposition 4.1. Maintenant, le théorème 1.4 permet de conclure que

Si $(\alpha + \beta\overline{\kappa}_{\mathrm{a}}) \leqslant 1$ alors l'opérateur $T_{\alpha,\beta} = A_{\alpha,\beta} + M_\sigma + P_r$ engendre, sur L_p $(p \geqslant 1)$, un semi-groupe fortement continu, $\mathrm{T}_{\alpha,\beta} = (\mathrm{T}_{\alpha,\beta}(t))_{t \geqslant 0}$, de contractions, i.e.,

$$\left\| \mathrm{T}_{\alpha,\beta}(t)\varphi \right\|_p \leqslant \left\| \varphi \right\|_p \qquad t \geqslant 0 \tag{5.7}$$

pour toute densité cellulaire initiale $\varphi \in \mathrm{L}_p$ $(p \geqslant 1)$. De plus

$$\left\| \left(\lambda - T_{\alpha,\beta} \right)^{-1} \varphi \right\|_p \leqslant \frac{1}{\lambda} \| \varphi \|_p \qquad \lambda > 0.$$

Étape 2. (Cas : $(\alpha + \beta\overline{\kappa}_{\mathrm{a}}) > 1$)

Supposons que $(\alpha + \beta\overline{\kappa}_{\mathrm{a}}) > 1$ et soit $\theta > (\alpha + \beta\overline{\kappa}_{\mathrm{a}})$.

Tout d'abord, en utilisant les deux relations (3.57) et (3.58) nous en déduisons, d'après l'étape 1 de cette preuve, que l'opérateur $T_{\frac{\alpha}{\theta},\frac{\beta}{\theta}}$ engendre, sur L_p $(p \geqslant 1)$, un semi-groupe fortement continu de contractions. De plus

$$\left\| \left(\lambda - T_{\frac{\alpha}{\theta},\frac{\beta}{\theta}} \right)^{-1} \varphi \right\|_p \leqslant \frac{1}{\lambda} \| \varphi \|_p \qquad \lambda > 0 \tag{5.8}$$

pour toute densité cellulaire initiale $\varphi \in \mathrm{L}_p$ $(p \geqslant 1)$.

Ensuite, en combinant la relation (3.60) avec les deux relations (4.1) et (4.2) nous pouvons facilement écrire que

$$M_\sigma = N_\theta^{-1} M_\sigma N_\theta \qquad \text{et} \qquad P_r = N_\theta^{-1} P_r N_\theta.$$

Cette dernière relation avec la relation (3.70) conduisent à

$$\begin{aligned} T_{\alpha,\beta} &= A_{\alpha,\beta} + M_\sigma + P_r \\ &= N_\theta^{-1} \left(A_{\frac{\alpha}{\theta},\frac{\beta}{\theta}} + H_\theta \right) N_\theta + N_\theta^{-1} M_\sigma N_\theta + N_\theta^{-1} P_r N_\theta \\ &= N_\theta^{-1} \left(A_{\frac{\alpha}{\theta},\frac{\beta}{\theta}} + H_\theta + M_\sigma + P_r \right) \\ &= N_\theta^{-1} \left(T_{\frac{\alpha}{\theta},\frac{\beta}{\theta}} + H_\theta \right) \end{aligned}$$

où, H_θ est l'opérateur défini par (3.61).

D'autre part, si $\lambda > b \ln \theta$, alors

$$
\begin{aligned}
\left(\lambda - T_{\alpha,\beta}\right) N_\theta^{-1} &= \left(\lambda - N_\theta^{-1}\left(T_{\frac{\alpha}{\theta},\frac{\beta}{\theta}} + H_\theta\right) N_\theta\right) N_\theta^{-1} \\
&= \left(\lambda N_\theta^{-1} - N_\theta^{-1}\left(A_{\frac{\alpha}{\theta},\frac{\beta}{\theta}} + H_\theta\right)\right) \\
&= N_\theta^{-1}\left(\left(\lambda - T_{\frac{\alpha}{\theta},\frac{\beta}{\theta}}\right) - H_\theta\right)
\end{aligned}
$$

et par conséquent

$$
\left(\lambda - T_{\alpha,\beta}\right) N_\theta^{-1} = N_\theta^{-1}\left(\lambda - T_{\frac{\alpha}{\theta},\frac{\beta}{\theta}}\right)\left(I - \left(\lambda - T_{\frac{\alpha}{\theta},\frac{\beta}{\theta}}\right)^{-1} H_\theta\right).
$$

Mais, les deux relations (3.64) et (5.8) conduisent à

$$
\left\|\left(\lambda - T_{\frac{\alpha}{\theta},\frac{\beta}{\theta}}\right)^{-1} H_\theta\right\|_{\mathcal{L}(\mathrm{L}_p)} \leqslant \frac{1}{\lambda} b \ln \theta < 1
$$

ce qui implique que l'opérateur $\left(I - \left(\lambda - T_{\frac{\alpha}{\theta},\frac{\beta}{\theta}}\right)^{-1} H_\theta\right)$ est inversible de L_p $(p \geqslant 1)$ dans lui même et par conséquent

$$
N_\theta\left(\lambda - T_{\alpha,\beta}\right)^{-1} = \left(I - \left(\lambda - T_{\frac{\alpha}{\theta},\frac{\beta}{\theta}}\right)^{-1} H_\theta\right)^{-1}\left(\lambda - T_{\frac{\alpha}{\theta},\frac{\beta}{\theta}}\right)^{-1} N_\theta
$$

et

$$
\left(b \ln \theta, \infty\right) \subset \rho\left(T_{\alpha,\beta}\right). \tag{5.9}
$$

Maintenant, pour toute densité cellulaire initiale $\varphi \in \mathrm{L}_p$ $(p \geqslant 1)$, nous pouvons écrire

$$
\begin{aligned}
\left\|N_\theta\left(\lambda - T_{\alpha,\beta}\right)^{-1}\varphi\right\|_p &= \left\|\left(I - \left(\lambda - T_{\frac{\alpha}{\theta},\frac{\beta}{\theta}}\right)^{-1} H_\theta\right)^{-1}\left(\lambda - T_{\frac{\alpha}{\theta},\frac{\beta}{\theta}}\right)^{-1} N_\theta\varphi\right\|_p \\
&\leqslant \frac{1}{1 - \frac{1}{\lambda} b \ln \theta}\frac{1}{\lambda}\|N_\theta\varphi\|_p \\
&= \frac{1}{\lambda - b \ln \theta}\|N_\theta\varphi\|_p
\end{aligned}
$$

ce qui implique, en utilisant la recurrence, que

$$
\left\|N_\theta\left(\lambda - T_{\alpha,\beta}\right)^{-n}\varphi\right\|_p \leqslant \frac{1}{(\lambda - b \ln \theta)^n}\|N_\theta\varphi\|_p \qquad n = 1, 2, 3, \cdots
$$

et par conséquent

$$
\left\|\left(\lambda - T_{\alpha,\beta}\right)^{-n}\varphi\right\|_p \leqslant \frac{\theta}{(\lambda - b \ln \theta)^n}\|\varphi\|_p \qquad n = 1, 2, 3, \cdots \tag{5.10}
$$

en vertu de la relation (3.62).

Maintenant, l'opérateur $T_{\alpha,\beta} = A_{\alpha,\beta} + M_\sigma + P_r$ est fermé à domaine $D\left(T_{\alpha,\beta}\right) = D\left(A_{\alpha,\beta}\right)$ dense (voir proposition 3.3(3)) vérifiant les deux relations (5.9) et (5.10) requises par le théorème 1.1. Nous en déduisons que $T_{\alpha,\beta}$ engendre, sur L_p $(p \geqslant 1)$, un semi-groupe fortement continu $\mathbb{T}_{\alpha,\beta} = (\mathbb{T}_{\alpha,\beta}(t))_{t\geqslant 0}$ vérifiant

$$\left\|\mathbb{T}_{\alpha,\beta}(t)\varphi\right\|_p \leqslant \theta e^{(\mathrm{b}\ln\theta)t}\|\varphi\|_p \qquad t \geqslant 0 \tag{5.11}$$

pour toute densité cellulaire initiale $\varphi \in L_p$ $(p \geqslant 1)$.

Comme θ $(\theta > (\alpha + \beta\overline{\kappa}_\mathrm{a}))$ est arbitraire, en passant à la limite $(\theta \to (\alpha + \beta\overline{\kappa}_\mathrm{a}))$ dans la relation (5.11) nous concluons que

Si $(\alpha + \beta\overline{\kappa}_\mathrm{a}) > 1$ alors l'opérateur $T_{\alpha,\beta}$ engendre, sur L_p $(p \geqslant 1)$, un semi-groupe fortement continu, $\mathbb{T}_{\alpha,\beta} = (\mathbb{T}_{\alpha,\beta}(t))_{t\geqslant 0}$, vérifiant

$$\left\|\mathbb{T}_{\alpha,\beta}(t)\varphi\right\|_p \leqslant (\alpha + \beta\overline{\kappa}_\mathrm{a}) e^{(\mathrm{b}\ln(\alpha+\beta\overline{\kappa}_\mathrm{a}))t}\|\varphi\|_p \qquad t \geqslant 0 \tag{5.12}$$

pour toute densité cellulaire initiale $\varphi \in L_p$ $(p \geqslant 1)$.

Étape 3. (Conclusion)

En utilisant les conclusions des deux étapes 1 et 2, nous en déduisons que l'opérateur $T_{\alpha,\beta}$ engendre, sur L_p $(p \geqslant 1)$, un semi-groupe fortement continu, $\mathbb{T}_{\alpha,\beta} = (\mathbb{T}_{\alpha,\beta}(t))_{t\geqslant 0}$. Par ailleurs, la relation (5.6) s'obtient facilement en combinant les deux relations (5.7)–(pour le cas $(\alpha + \beta\overline{\kappa}_\mathrm{a}) \leqslant 1$) et (5.12)–(pour le cas $(\alpha + \beta\overline{\kappa}_\mathrm{a}) > 1$) avec la relation (3.30). $\qquad\square$

Nous finissons cette section par les corollaires suivants

Corollaire 5.1. *Supposons que les hypothèses $(\mathbf{A}_k^1)$, $(\mathbf{A}_\sigma^1)$ et $(\mathbf{A}_r^1)$ soient satisfaites et soient $\alpha \geqslant 0$ et $\beta \geqslant 0$ tels qu'on ait*

$$(\alpha + \beta\overline{\kappa}_\mathrm{a}) < 1. \tag{5.13}$$

Supposons également que $\mathrm{b} < \infty$. Si les hypothèses $(\mathbf{A}_\sigma^2)$ et $(\mathbf{A}_{\sigma-r})$ sont satisfaites alors $T_{\alpha,\beta}$ engendre, sur L_p $(p \geqslant 1)$, un semi-groupe fortement continu, $\mathbb{T}_{\alpha,\beta} = (\mathbb{T}_{\alpha,\beta}(t))_{t\geqslant 0}$ de contractions, i.e.,

$$\left\|\mathbb{T}_{\alpha,\beta}(t)\varphi\right\|_p \leqslant \|\varphi\|_p \qquad t \geqslant 0$$

pour toute densité cellulaire initiale $\varphi \in L_p$ $(p \geqslant 1)$.

Démonstration. En combinant les deux relations (5.13) et (3.30) nous en déduisons que $\overline{\delta}_{\alpha,\beta} = 1$. Maintenant, il suffit d'appliquer le théorème (5.4). $\qquad\square$

Corollaire 5.2. *Supposons que les hypothèses $(\mathbf{A}_\sigma^1)$ et $(\mathbf{A}_r^1)$ soient satisfaites et soit $0 \leqslant \alpha < 1$. Supposons également que $\mathrm{b} < \infty$. Si les hypothèses $(\mathbf{A}_\sigma^2)$ et $(\mathbf{A}_{\sigma-r})$ sont satisfaites alors l'opérateur $T_{\alpha,\beta}$ engendre, sur L_p $(p \geqslant 1)$, un semi-groupe fortement continu, $\mathbb{T}_{\alpha,\beta} = (\mathbb{T}_{\alpha,\beta}(t))_{t\geqslant 0}$ de contractions, i.e.,*

$$\left\|\mathbb{T}_{\alpha,\beta}(t)\varphi\right\|_p \leqslant \|\varphi\|_p \qquad t \geqslant 0$$

pour toute densité cellulaire initiale $\varphi \in L_p$ $(p \geqslant 1)$.

Démonstration. Il suffit d'appliquer le corollaire 5.1 avec $0 \leqslant \alpha < 1$ et $\beta = 0$. $\square$

Corollaire 5.3. *Supposons que les hypothèses* $(\mathbf{A}_\sigma^1)$ *et* $(\mathbf{A}_r^1)$ *soient satisfaites et soit* $\beta \geqslant 0$ *tel que* $\beta \overline{\kappa}_a < 1$. *Supposons également que* $b < \infty$. *Si les hypothèses* $(\mathbf{A}_\sigma^2)$ *et* $(\mathbf{A}_{\sigma-r})$ *sont satisfaites alors l'opérateur* $T_{\alpha,\beta}$ *engendre, sur* L_p $(p \geqslant 1)$, *un semi-groupe fortement continu,* $\mathbb{T}_{\alpha,\beta} = (\mathbb{T}_{\alpha,\beta}(t))_{t \geqslant 0}$ *de contractions, i.e.,*

$$\left\| \mathbb{T}_{\alpha,\beta}(t)\varphi \right\|_p \leqslant \|\varphi\|_p \qquad t \geqslant 0$$

pour toute densité cellulaire initiale $\varphi \in \mathrm{L}_p$ $(p \geqslant 1)$.

Démonstration. Il suffit d'appliquer le corollaire 5.1 avec $\alpha = 0$ et $\beta \geqslant 0$ tel que $\beta \overline{\kappa}_a < 1$. $\square$

5.2.2 Vitesse de maturation infinie ($b = \infty$)

Dans cette section nous allons étudier l'opérateur $T_{\alpha,\beta}$ dans le cas $b < \infty$. Nous commençons par le résultat suivant

Théorème 5.5. (Cas : $b = \infty$) *Supposons que les hypothèses* $(\mathbf{A}_k^1)$, $(\mathbf{A}_k^2)$ *et* $(\mathbf{A}_\sigma^1)$ *soient satisfaites et soient* $\alpha \geqslant 0$ *et* $\beta \geqslant 0$. *Supposons également que* $b = \infty$. *Si l'hypothèse* $(\mathbf{A}_r^1)$ *est satisfaite alors l'opérateur* $T_{\alpha,\beta}$ *engendre, sur* L_p $(p \geqslant 1)$, *un semi-groupe fortement continu,* $\mathbb{T}_{\alpha,\beta} = (\mathbb{T}_{\alpha,\beta}(t))_{t \geqslant 0}$ *vérifiant*

$$\left\| \mathbb{T}_{\alpha,\beta}(t)\varphi \right\|_p \leqslant \delta_{\alpha,\beta} e^{\left(\overline{\sigma} + \omega_{\alpha,\beta} \ln \delta_{\alpha,\beta} \right)t} \|\varphi\|_p \qquad t \geqslant 0 \qquad (5.14)$$

pour toute densité cellulaire initiale $\varphi \in \mathrm{L}_p$ $(p \geqslant 1)$ *où,* $\omega_{\alpha,\beta}$ *et* $\delta_{\alpha,\beta}$ *sont respectivement définis par* (3.32) *et* (3.33).

Démonstration. Même preuve que le théorème 5.3. $\square$

En présence des deux hypothèses $(\mathbf{A}_\sigma^2)$ et $(\mathbf{A}_{\sigma-r})$, la majoration de croissance (5.14) peut être améliorer comme suit

Théorème 5.6. (Cas : $b = \infty$) *Supposons que les hypothèses* $(\mathbf{A}_k^1)$, $(\mathbf{A}_k^2)$, $(\mathbf{A}_\sigma^1)$ *et* $(\mathbf{A}_r^1)$ *soient satisfaites et soient* $\alpha \geqslant 0$ *et* $\beta \geqslant 0$ *tel que*

$$(\alpha + \beta \overline{\kappa}_a) < 2^{\left(\frac{1}{p} - 1 \right)}. \qquad (5.15)$$

Supposons également que $b = \infty$. *Si les hypothèses* $(\mathbf{A}_\sigma^2)$ *et* $(\mathbf{A}_{\sigma-r})$ *sont satisfaites alors* $T_{\alpha,\beta}$ *engendre, sur* L_p $(p \geqslant 1)$, *un semi-groupe fortement continu,* $\mathbb{T}_{\alpha,\beta} = (\mathbb{T}_{\alpha,\beta}(t))_{t \geqslant 0}$ *de contractions, i.e.,*

$$\left\| \mathbb{T}_{\alpha,\beta}(t)\varphi \right\|_p \leqslant \|\varphi\|_p \qquad t \geqslant 0 \qquad (5.16)$$

pour toute densité cellulaire initiale $\varphi \in \mathrm{L}_p$ $(p \geqslant 1)$.

Démonstration. Tout d'abord, en utilisant le corollaire 3.6 nous en déduisons que $A_{\alpha,\beta}$ est un générateur, sur L_p ($p \geqslant 1$), d'un semi-groupe $\mathbb{A}_{\alpha,\beta} = (\mathbb{A}_{\alpha,\beta}(t))_{t \geqslant 0}$ de contractions.

Ensuite, en vertu de la proposition 4.1, l'opérateur $(M_\sigma + P_r)$ est borné de L_p ($p \geqslant 1$) dans lui même et par conséquent

$$\left\| (M_\sigma + P_r)\varphi \right\|_p \leqslant 0 \left\| A_{\alpha,\beta}\varphi \right\|_p + \left\| (M_\sigma + P_r) \right\|_{\mathcal{L}(L_p)} \|\varphi\|_p \qquad \text{pour tout} \qquad \varphi \in D(A_{\alpha,\beta}).$$

De plus $(M_\sigma + P_r)$ est dissipatif en vertu de la proposition 4.1. Maintenant, le théorème 1.4 appliquée à l'opérateur $T_{\alpha,\beta} = A_{\alpha,\beta} + M_\sigma + P_r$ achève la preuve. $\qquad\square$

Nous finissons cette section par les corollaires suivants.

Corollaire 5.4. *Supposons que les hypothèses* $(\mathbf{A}_\sigma^1)$ *et* $(\mathbf{A}_r^1)$ *soient satisfaites et soit*

$$0 \leqslant \alpha < 2^{\left(\frac{1}{p}-1\right)}.$$

Supposons également que $b = \infty$. *Si les hypothèses* $(\mathbf{A}_\sigma^2)$ *et* $(\mathbf{A}_{\sigma-r})$ *sont satisfaites alors l'opérateur* $T_{\alpha,\beta}$ *engendre, sur* L_p ($p \geqslant 1$), *un semi-groupe fortement continu,* $\mathbb{T}_{\alpha,\beta} = (\mathbb{T}_{\alpha,\beta}(t))_{t \geqslant 0}$ *de contractions, i.e.,*

$$\left\| \mathbb{T}_{\alpha,\beta}(t)\varphi \right\|_p \leqslant \|\varphi\|_p \qquad t \geqslant 0$$

pour toute densité cellulaire initiale $\varphi \in L_p$ ($p \geqslant 1$).

Démonstration. Il suffit d'appliquer le théorème 5.6 avec $0 \leqslant \alpha < 2^{\left(\frac{1}{p}-1\right)}$ et $\beta = 0$. $\qquad\square$

Corollaire 5.5. *Supposons que les hypothèses* $(\mathbf{A}_k^1)$, $(\mathbf{A}_k^2)$, $(\mathbf{A}_\sigma^1)$ *et* $(\mathbf{A}_r^1)$ *soient satisfaites et soit* $\beta \geqslant 0$ *tel qu'on ait*

$$\beta \overline{\kappa}_a < 2^{\left(\frac{1}{p}-1\right)}.$$

Supposons également que $b = \infty$. *Si les hypothèses* $(\mathbf{A}_\sigma^2)$ *et* $(\mathbf{A}_{\sigma-r})$ *sont satisfaites alors l'opérateur* $T_{\alpha,\beta}$ *engendre, sur* L_p ($p \geqslant 1$), *un semi-groupe fortement continu,* $\mathbb{T}_{\alpha,\beta} = (\mathbb{T}_{\alpha,\beta}(t))_{t \geqslant 0}$ *de contractions, i.e.,*

$$\left\| \mathbb{T}_{\alpha,\beta}(t)\varphi \right\|_p \leqslant \|\varphi\|_p \qquad t \geqslant 0$$

pour toute densité cellulaire initiale $\varphi \in L_p$ ($p \geqslant 1$).

Démonstration. Il suffit d'appliquer le théorème 5.6 avec $\alpha = 0$ et $\beta \overline{\kappa}_a < 2^{\left(\frac{1}{p}-1\right)}$. $\qquad\square$

5.3   Simulations Numériques

Dans cette section, nous allons simuler numériquement la solution du modèle (5.1)–(5.2).

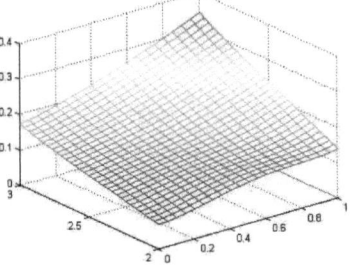

FIGURE 5.1 – $\alpha = 0$ et $\beta = 0.5$

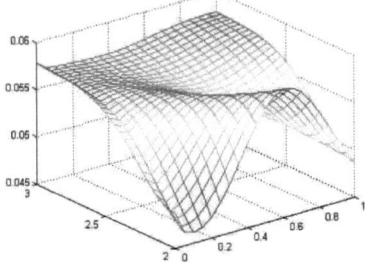

FIGURE 5.2 – $\alpha = 0$ et $\beta = 1$

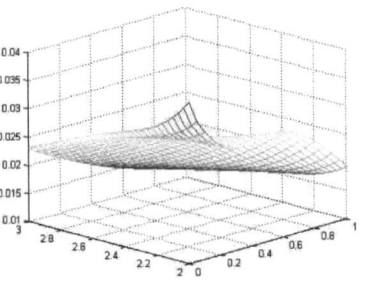

FIGURE 5.3 – $\alpha = 0$ et $\beta = 2$

Bibliographie

[1] M. Boulanouar. *On a Mathematical model with non-compact boundary conditions describing bacterial population* Transport Theory and Statistical Physic. Vol., 42. N., 2, pp.99–130, 2013.

[2] M. Boulanouar & H.Emamirad. *A Transport Equation in Cell Population Dynamics.* Journal of Differential and Integral Equations. Vol. 13, pp.125-144. 2000.

[3] M. Boulanouar & H. Emamirad. *The asymptotic behavior of a Transport Equation in Cell M. Population Dynamics With a Null Maturation Velocity.* Journal of Mathematical Analysis and Applications. N. 243. pp. 47-63. 2000.

[4] M. Boulanouar. *Un modèle de Rotenberg avec les vitesses de maturité nulles.* C.R.A.S. Tome 326. Série I, pp. 443–447, 1998.

[5] M. Boulanouar. *Un modèle de Rotenberg avec la loi à mémoire parfaite.* C.R.A.S. Tome 327. Série I, pp.955–958. 1998.

[6] M. Boulanouar & L. Leboucher. *Une équation de transport dans la Dynamique des Populations cellulaires.* C.R.A.S. Tome 21. Série I, pp. 305-308, 1995.

[7] W. Greenberg & C. V. M. van der Mee & V. Protopopescu. *Bondary Value Problem in Abstract Kinetic Theory.* Birkhäuser. Basel. 1987.

[8] C.V.M. van der Mee and P. Zweifel *A Fokker-Planck equation for growing cell populations.* J. Math. Biol. Vol. 25, pp.61-72, 1987.

[9] C.V.M. van der Mee *A transport equation modeling in cell growth.* Stochastic Modeling in Biology Ed. P. Tautu. Word Sci. Publishing. Teaneck, NJ., pp.381–398., 1990.

[10] K. Engel and R. Nagel. *One-Parameter Semigroups for Linear Evolution Equations.* Graduate texts in mathematics, 194. Springer-Verlag, New York, Berlin, Heidelberg, 1999.

[11] M. Rotenberg. *Transport theory for growing cell populations.* J. theor. Biol. 103, pp.181–199, 1983.

Printed by Books on Demand GmbH, Norderstedt / Germany